EL AXIOMA DE ELECCION

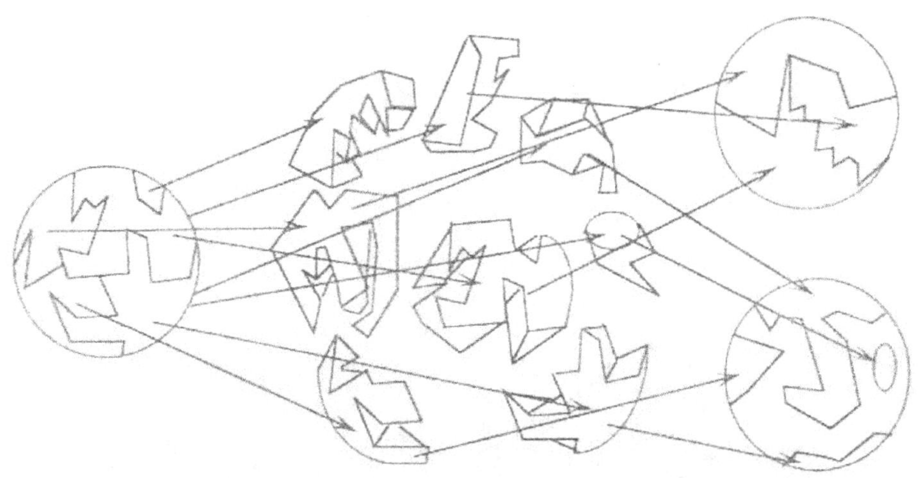

DR. LUIS CARLOS OSPINA ROMERO

Diseño de Cubierta Arquitecto
Arq. Tsu. Sibil Cairel Carla Ospina Castillo
sibila_image@hotmail.com, Aachen, Alemania.
Primera Edición: Noviembre, 2013
Editorial de la Universidad Uzethi
www.uzethi.org, Venezuela, Maracaibo.
Tiraje 1000 ejemplares.

Depósito legal: LF06120135003239

Impresora Artesanal Universidad Uzethi. Maracaibo, Venezuela

POST TENEBRAS LUX ERAT

¡Vanidad de vanidades!, todo es vanidad

Qo. 1,3

Dedicado a:
Msc. Samuel Carlo Ospina.
Arq. Sibil Cairel Ospina.
TSU. Camilai Keres Ospina.
Econ. Davida BetzabeOspina
Br. Sebastián Verne Ospina.
Br. Luis Esparza.
Teo. Yanomami Gisela de Ospina
Msc. Thayde González
Phd. Luisa Pernalete
Phd. Tommaso Campanella.
Phd. Giordano Bruno.
Phd. Galileo Galilei.
Phd. Álvaro-Márquez.
Phd. Luisa Pernalette.
PHD. Mario Fernandez.
Phd. Dios.

INTRODUCCION

El Axioma de elección

En 1974 inicie una investigación sobre los fundamentos de la matemática la cual me condujo al Axioma de Elección, por tanto inicie la recopilación de lo escrito hasta entonces, recopilación que me llevo diez años de investigación hasta 1984, hasta el día de hoy del año 2013 he quedado asombrado y maravillado de tal manera que se puede concluir existe una intrínseca relación entre el El **bosón de Higgs**[1] o **partícula de Higgs, más aún** con el Axioma de Elección se construyó el universo, y todo tipo de partícula subatómica como lo demuestra la Paradoja de Banach- Tarski.

---

[1] El **bosón de Higgs** o **partícula de Higgs** es una partícula elemental propuesta en el Modelo estándar de física de partículas. Recibe su nombre en honor a Peter Higgs quien, junto con otros, propuso en 1964, el hoy llamado mecanismo de Higgs, para explicar el origen de la masa de las partículas elementales. El Bosón de Higgs constituye el cuanto del campo de Higgs, (la más pequeña excitación posible de este campo). Según el modelo propuesto, no posee espín, carga eléctrica o color, es muy inestable y se desintegra rápidamente, su vida media es del orden del zeptosegundo. En algunas variantes del Modelo estándar puede haber varios bosones de Higgs. La existencia del bosón de Higgs y del campo de Higgs asociado serían el más simple de varios métodos del Modelo estándar de física de partículas que intentan explicar la razón de la existencia de masa en las partículas elementales. Esta teoría sugiere que un campo impregna todo el espacio, y que las partículas elementales que interactúan con él adquieren masa, mientras que las que no interactúan con él, no la tienen. En particular, dicho mecanismo justifica la enorme masa de los bosones vectoriales W y Z, como también la ausencia de masa de los fotones. Tanto las partículas W y Z, como el fotón son bosones sin masa propia, los primeros muestran una enorme masa porque interactúan fuertemente con el campo de Higgs, y el fotón no muestra ninguna masa porque no interactúa en absoluto con el campo de Higgs. El bosón de Higgs ha sido objeto de una larga búsqueda en física de partículas. El 4 de julio de 2012, el CERN anunció la observación de una nueva partícula «consistente con el bosón de Higgs», pero se necesitaría más tiempo y datos para confirmarlo. El 14 de marzo de 2013 el CERN, con dos veces más datos de los que disponía en el anuncio del descubrimiento en julio de 2012, encontraron que la nueva partícula se ve cada vez más como el bosón de Higgs. La manera en que interactúa con otras partículas y sus propiedades cuánticas, junto con las interacciones medidas con otras partículas, indican fuertemente que es un bosón de Higgs. Todavía permanece la cuestión de si es el bosón de Higgs del Modelo estándar o quizás el más liviano de varios bosones predichos en algunas teorías que van más allá del Modelo estándar. El 8 de octubre de 2013 le es concedido a Peter Higgs, junto a François Englert, el Premio Nobel de física "por el descubrimiento teórico de un mecanismo que contribuye a nuestro entendimiento del origen de la masa de las partículas subatómicas, y que, recientemente fue confirmado gracias al descubrimiento de la predicha partícula fundamental, por los experimentos ATLAS y CMS en el Colisionador de Hadrones del CERN".

En teoría de conjuntos, el axioma de elección postula que en cada familia de conjuntos no vacíos, existe otro conjunto que contiene un elemento de cada uno de aquellos. El axioma es indispensable en el caso más general de una familia infinita arbitraria. Este axioma fue formulado en 1904 por Ernst Zermelo, para demostrar que todo conjunto puede ser bien ordenado[2]. Este postulado es una hipótesis controvertida desde ese entonces, pero usada sin duda por la mayoría de los matemáticos.

1. Enunciado del Axioma

El enunciado del axioma de elección afirma que existe una función de elección para cada familia de conjuntos no vacíos, es decir, una función f tal que para cada elemento B de su dominio, $f(B) \in B$. En la teoría de Zermelo-Fraenkel su enunciado formal es:

Axioma de elección

---

[2] Zermelo, Ernst (1904). «Beweisß, da jede Menge wohlgeordnet werden kann». *Mathematische Annalen* **59** (4). pp. 514–516.

$$\forall A : \forall B \in A, B \neq \varnothing \Rightarrow \exists f : \text{Fun}\, f \wedge \mathcal{D}f = A \wedge \forall B \in A, f(B) \in B$$

Donde Fun *f* y D*f* denotan «*f* es una función» y el «dominio de *f*» en dicha teoría. El axioma de elección también se enuncia de varias maneras similares, en las que el significado de «función de elección» varía ligeramente:

Los enunciados siguientes son equivalentes[3 4 5]:

i. Toda familia de conjuntos no vacíos *F* posee una función de elección.
ii. Para toda familia de conjuntos no vacíos *F*, su producto cartesiano es no vacío.
iii. Para todo conjunto *A*, existe una función de elección sobre la colección de sus subconjuntos no vacíos.
iv. Para toda familia de conjuntos no vacíos disjuntos dos a dos, *F*, existe un conjunto *D* que contiene exactamente un elemento de cada conjunto de *F*: $|D \cap A| = 1$, para cada $A \in F$.

Hasta finales del siglo XIX, el axioma de elección se usaba implícitamente. Por ejemplo, después de demostrar que el conjunto *X* contenía sólo conjuntos no vacíos, un matemático habría dicho "sea *F*(*S*) un elemento de *S* para todo *S* en *X*". Es en general imposible demostrar que *F* existe sin el axioma de elección, pero nadie se percató antes de Zermelo.

No siempre se requiere el axioma de elección. Si *X* es finito, el "axioma" necesario se deduce de los otros axiomas de la teoría de conjuntos. En tal caso es equivalente a decir que si se tiene un número finito de cajas, cada una con al menos un objeto, se puede escoger exactamente un objeto de cada caja. Esto es evidente: se comienza en la primera caja, se escoge un

---

[3] Jech, Thomas (1973) (en inglés). *The Axiom of Choice*. Amsterdam: ED. North-Holland. ISBN 0-7204-2275-2. Jech, Thomas (2006). *Set theory* (3a. edición). Berlin: Ed. Springer. ISBN 3-540-44085-2

[4] Herrlich, Horst (2006) (en inglés). *Axiom of choice*. Springer-Verlag. ISBN 978-3-540-30989-5.

[5] Rubin, H.; Rubin, J.E. (1985) (en inglés). *Equivalents of the Axiom of Choice, Ed.* Amsterdam: North-Holland. ISBN 0-444-87708-8.

objeto; se va a la segunda, se escoge un objeto; y así sucesivamente. Como sólo hay finitas cajas, este procedimiento de elección se concluirá finalmente. El resultado es una función de elección explícita: una que a la primera caja le asigna el primer objeto elegido, a la segunda el segundo, etcétera. Una prueba formal para todo conjunto finito requeriría el principio de inducción matemática.

La dificultad aparece cuando no hay una escogencia natural de elementos de cada conjunto. Si no se pueden hacer elecciones explícitas, ¿cómo saber que existe el conjunto deseado? Por ejemplo, supóngase que X es el conjunto de todos los subconjuntos no vacíos de los reales. Primero se podría intentar proceder como si X fuera finito; pero si se intenta escoger un elemento de cada conjunto, como X es infinito, el procedimiento de elección no terminará nunca y nunca se podrá producir una función de elección para X. Luego se puede intentar el truco de tomar el elemento mínimo de cada conjunto; pero algunos subconjuntos de los reales, como el intervalo abierto $(0,1)$, no tienen mínimo, así que esta táctica no funciona tampoco.

La razón por la que se podían escoger elementos mínimos de los subconjuntos de los naturales es que éstos vienen ya bien ordenados: todo subconjunto de los naturales tiene un único elemento mínimo respecto al orden natural. Tal vez a este punto uno se sienta tentado a pensar: "aunque el orden usual de los números reales no funciona, debe ser posible encontrar un orden diferente que sea, este sí, un buen orden; entonces la función de elección puede ser tomar el elemento mínimo de cada conjunto respecto al nuevo orden". El problema entonces se "reduce" al de encontrar un buen orden en los reales, lo que requiere del axioma de elección para su realización: todo conjunto puede ser bien ordenado si y sólo si vale el axioma de elección.

Una demostración que haga uso de AE nunca es constructiva: aun si dicha demostración produce un objeto, será imposible determinar exactamente qué objeto es. En consecuencia, aunque el axioma de elección implica que hay un buen orden en los reales, no da un ejemplo. Sin embargo, la razón por la que se querían bien ordenar los reales era que para cada conjunto de X se pudiera escoger explícitamente un elemento; pero si no se puede determinar el buen orden usado, tal escogencia no es tampoco explícita. Esta es una de las razones por las que a algunos matemáticos rechazan el axioma de elección; los constructivistas, por ejemplo, afirman que todas las pruebas de existencia deberían ser completamente explícitas, pues si existe algo, debe ser posible hallarlo; rechazan así el axioma de elección, pues afirma la existencia de un objeto sin decir qué es. Por otro lado, el solo hecho de que se haya usado AE para demostrar la existencia de un conjunto no significa que no pueda ser construido por otros métodos.

Independencia: Del trabajo de Kurt Gödel[6] y Paul Cohen se deduce que el axioma de elección es lógicamente independiente de los otros axiomas de la teoría axiomática de conjuntos. Esto significa que ni AE ni su negación pueden demostrarse ciertos dentro de los axiomas de Zermelo-Fraenkel (ZF), si esa teoría es consistente. En consecuencia, asumir AE o su negación nunca llevará a una contradicción que no se pudiera obtener sin tal supuesto.

La decisión, entonces, de si es o no apropiado hacer uso de él en una demostración no se puede tomar basándose sólo en otros axiomas de la teoría de conjuntos; hay que buscar otras razones. Un argumento dado a favor de usar el axioma de elección es simplemente que es conveniente: usarlo no puede hacer daño (deducir contradicciones), y hace posible demostrar algunas proposiciones que de otro modo no se podrían probar.

El axioma de elección no es la única afirmación significativa e independiente de ZF; la hipótesis del continuo generalizada (HCG), por ejemplo, no sólo es independiente de ZF, además lo es de ZF con el axioma de elección (ZFE, o *ZFC* en inglés Elección = Choice). Sin embargo, ZF más HCG necesariamente implica AE, con lo cual HCG es estrictamente más fuerte que AE, aunque ambos sean independientes de ZF.

Una razón por la que a los matemáticos no les agrada el axioma es que tiene por consecuencia la existencia de algunos objetos contra intuitivos. Un ejemplo de ello es la paradoja de Banach-Tarski[7], la cual afirma que es

---

• [6] Gödel, Kurt (1938). «The Consistency of the Axiom of Choice and of the Generalized Continuum Hypothesis». *Proceedings of the National Academy of Sciences, U.S.A.* 24: pp. 556–557.

[7] La paradoja de Banach-Tarski un teorema afirmando la posibilidad de dividir una esfera (llena) de radio 1 en ocho partes disjuntas dos a dos, de modo que, dr tal manera que

posible cortar una bola tridimensional en finitas partes, y usando sólo rotación y translación, ensamblarlas en dos bolas del mismo volumen que la original. La prueba, como todas las pruebas que involucran el axioma de elección, es sólo de existencia: no dice cómo se debe cortar la esfera, sólo dice que se puede hacer.

La paradoja de Banach-Tarski : Dice que es posible dividir una esfera (llena) de radio 1 en ocho partes disjuntas dos a dos, de modo que, aplicando movimientos oportunos a cinco de ellas, obtengamos nuevos conjuntos que constituyan una partición de una esfera (llena) de radio 1, y lo mismo ocurra con las tres partes restantes.

En palabras sencillas, se supone que se puede fabricar un rompecabezas tridimensional de un total de ocho piezas, las cuales, combinadas de una determinada manera, formarían una esfera completa y rellena (sin agujeros) y, combinadas de otra manera, formarían dos esferas rellenas (sin agujeros) del mismo radio que la primera, ¡sorprendente!

Seguramente es una locura esta paradoja, pero en realidad es un teorema, tiene una demostración totalmente rigurosa y sin ningún engaño ni artificio matemático. Nuestra mente dice que no puede ser que de una esfera saquemos dos, en el mundo real,

---

moviendo a cinco de ellas obtengamos nuevos conjuntos que constituyan una partición de una esfera (llena) de radio 1, y lo mismo ocurra con las tres partes restantes. O sea es posible fabricar un rompecabezas tridimensional de un total de ocho piezas, las cuales, combinadas de una determinada manera, formarían una esfera completa y rellena (sin agujeros) y, combinadas de otra manera, formarían dos esferas rellenas (sin agujeros) del mismo radio que la primera. El teorema de Banach–Tarski se denomina paradoja al contradecir nuestra intuición geométrica básica. Las operaciones básicas que se realizan preservan el volumen siempre que los fragmentos sean medibles, pero precisamente las ocho partes citadas en el teorema son conjuntos no medibles. La construcción de estos conjuntos hace uso del axioma de elección para realizar una cantidad no numerable de elecciones arbitrarias.

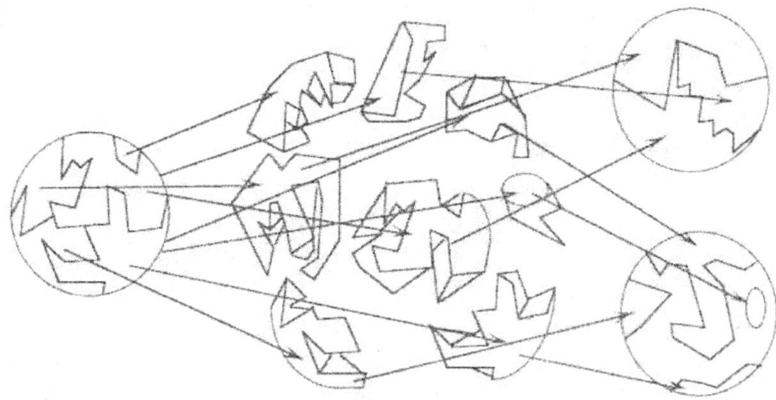

Efectivamente esto no puede ser ya que una de las piezas está formada por un solo punto y en la realidad no se puede conseguir un punto solo sin volumen. Por otro lado si las esferas fueran materiales y tuvieran un volumen tampoco podría ser ya que estaríamos fabricando materia de la nada.

Entonces ¿cómo es posible que lo que dice el teorema sea cierto? Acabamos de decir que el resultado no se puede comprobar en la realidad, pero de todas formas el tema del volumen matemáticamente hablando parece que sigue siendo un problema ya que los movimientos rígidos (simetrías, traslaciones, rotaciones, etc...) deben conservar el volumen.

Para percatarse que tal problema no existe tenemos que recurrir a la teoría de la medida. Digamos que esta teoría es la que se encarga de asociar una medida a cada conjunto, en este caso el volumen. La cuestión en este caso es que las partes en las que dividimos la esfera son conjuntos no-medibles (que también los hay). No es que tengan medida 0, sino que no se pueden medir. Es decir, no se les puede asociar una medida, y por tanto no podemos apelar a la conservación de la medida por movimientos rígidos. Intuitivamente es complicado de entender pero matemáticamente es totalmente cierto. La existencia de estos conjuntos no-medibles se prueba utilizando el famoso y controvertido históricamente axioma de elección.

El axioma de elección dice que dada una colección de conjuntos, cada uno con al menos un objeto, se puede tomar exactamente un objeto de cada conjunto y ponerlos en un nuevo conjunto, aun si hay una cantidad infinita de conjuntos, y no hay una regla que indique qué objetos tomar. El axioma no resulta necesario cuando existe tal regla ni cuando el número de conjuntos es. Es decir que si tienes un corral con una colección de conjuntos que no estén vacios puedes coger una cosa de cada conjunto y echarlo en otro y sigue habiendo infinitos conjuntos y nadie dice de donde seleccionar las cosas.

La demostración del resultado está basada en las propiedades de los giros del espacio y utiliza varios resultados, entre ellos uno de Hausdorff relativo a los giros y el axioma de elección comentado anteriormente.

Es complicado para los no matemáticos, y para los que lo son también, pero lo bueno que tiene es su demostración constructiva, es decir, no nos demuestra que el resultado es cierto mediante razonamientos que nada tienen que ver con el mismo sino que nos dice exactamente cómo tenemos que dividir la esfera.

Es conocido desde la antigüedad que la noción de infinito produce construcciones aparentemente paradójicas, muchas de la cuales *parecen* cambiar el tamaño de los objetos mediante operaciones isodimensionales que *deberian* conservar el tamaño.

Galileo en 1638 observó que el conjunto de los números naturales N puede ponerse en correspondencia biyectiva con el conjunto de los números naturales pares, a pesar de que éste es un conjunto más "pequeño" que el primero. De alli, deducia que *"los atributos "igual" "mayor" y "menor" no son aplicables a cantidades... infinitas"*. Se puede establecer análogamente una correspondencia biyectiva entre N y los números impares. De manera que de la observación de Galileo podemos entresacar una técnica similar a la de una máquina de duplicar. Su construcción muestra que podemos descomponer N en dos conjuntos disjuntos. N= {pares} U {impares}, cada uno de los cuales es biyectivo con el propio N (es decir, tiene "el mismo tamaño" que N).

Lo mismo podemos hacer con otros conjuntos, y por ejemplo, es muy sencillo demostrar con la ayuda de la teoría de cardinales que introdujo George Cantor en el siglo XIX, que una bola es biyectiva con dos bolas, todas ellas (si se quiere) de idéntico tamaño, o que una bola del tamaño de un guisante es biyectiva con una bola del tamaño del sol. Los resultados de Cantor tardaron en ser aceptados por la comunidad matemática. Por ejemplo, H. Poincaré los calificó de *"una enfermedad de la que la matemática tendría que recuperarse".* En la actualidad ya ningún matemático se sorprende de dichos resultados y están perfectamente integrados dentro de las matemáticas.

Lo sorprendente es duplicar bolas de forma que las transformaciones implicadas no son biyecciones cualesquiera sino transformaciones que conservan la distancia (traslaciones y giros, o sea los movimientos que utilizamos al hacer un rompecabezas o puzle en ingles) y por tanto el área y el volumen. Nos estamos refiriendo al Teorema de Banach-Tarski (1924) que a menudo se enuncia como: *Una bola del tamaño de un guisante puede ser troceada en un número finito de partes las cuales, haciendo únicamente uso de giros y traslaciones, pueden ser ensambladas para formar una bola del tamaño del sol.*

Otra forma equivalente de enunciarlo es: *Una bola puede ser troceada en un número finito de partes las cuales, haciendo uso únicamente de giros y traslaciones, pueden ser ensambladas para formar dos bolas disjuntas de idéntico radio a la de partida.* O dicho de otra manera, es posible hacer un puzzle a partir de una bola y ensamblarlo, sin que sobren ni falten piezas, para obtener dos bolas de idéntico tamaño que la de partida. Diremos que la bola es *equivalente por descomposición finita* a dos bolas disjuntas de igual tamaño.

Para dar una idea de cómo son las piezas de nuestro puzzle veremos un ejemplo sencillo de equivalencia por descomposición finita entre dos conjuntos: *La circunferencia unidad de centro el origen C es equivalente por descomposición finita a C-{P}* (o sea la circunferencia con un agujero en el punto P) *donde P es un punto cualquiera de C.*

En efecto, consideramos el giro de ángulo 1 que denotamos por T. Si giramos el punto P mediante T, llegamos a otro punto T(P) de C. Si lo volvemos a girar llegamos a T(T(P))=T2(P) y así sucesivamente. Así, podemos formar el conjunto A={P, T(P), T2(P), T3(P)...}. Observar que s giramos el conjunto A mediante T (es decir, giramos cada uno de sus puntos) llegamos a T(A)={T(P), T2(P), T3(P)...}. Ahora bien, el punto P no pertenece a T(A) . Ello es debido a que todos los puntos P, T(P), etc... son *distintos*, lo que a su vez es debido a que ¡el número Pi es irracional!. Por tanto T(A)=A-{P}. Y ahora ya tenemos la solución al problema. Partimos C en dos trozos disjuntos, a saber, A y C-A. Al primero le aplicamos el giro T y llegamos a T(A)=A-{P} y el segundo lo dejamos como está, C-A. Al unir A-{P} y C-A se obtiene C-{P}, como se quería demostrar.

Una de las piezas de nuestro puzzle, el conjunto A, tiene el aspecto de una *"nube de puntos"* sobre C. El otro conjunto es C-A, o sea un circunferencia con una cantidad infinita de agujeros. No es posible conseguir una demostración cortando la circunferencia "con tijeras" en intentar ensamblar los trozos para conseguir la circunferencia con un agujero.

El ejemplo anterior es la semilla de una de las dos principales herramientas utilizadas en la demostración del Teorema de Banach-Tarski. La otra herramienta es mucho más potente y último responsable de que la demostración finalice: es el llamado Axioma de Elección.

El axioma dice que *a partir de cualquier familia de conjuntos no vacíos es posible construir un nuevo conjunto seleccionando un elemento de cada uno de los conjuntos de la familia*. Este aparentemente evidente axioma fue declarado por primera vez en 1905, y como en el caso de la teoría de cardinales de Cantor, su certeza fue objeto de grandes controversias.

E. Borel[8], uno de los padres de la moderna teoría de integración, rechazaba de plano la validez del Axioma de Elección puesto que de él se deducía algo tan aparentemente absurdo como el teore de Banach-Tarski. Con el Axioma de Elección se demuestra *únicamente* que *existe* una manera de partir una bola para duplicarla, pero no hay forma alguna de saber *cómo* se hace esa partición. Y es que el Axioma de Elección siempre produce, cada vez que se aplica en cualquier área de la matemática, demostraciones existenciales pero nunca constructivas. Borel criticaba, el que *"el conjunto de elección no se definía en el sentido lógico y preciso de la palabra definir"*, es decir, no se definía explícitamente y así, según él, se producía una contradicción.

La diatriba se resolvió hasta que en 1963 Cohen encontró la relación entre el Axioma de Elección (AE) y la axiomática de Zermelo-Fraenkel

---

[8] Félix Édouard Justin Émile Borel (Saint-Affrique, 7 de enero de 1871 - París, 3 de febrero de 1956) fue un matemático francés. Junto con René-Louis Baire y Henri Lebesgue fue padre de la Teoría de la medida y sus aplicaciones a la Teoría de la probabilidad. Analiza el Teorema de los infinitos monos y publicó investigaciones sobre la Teoría de juegos. En 1913 relaciona la geometría hiperbólica y la relatividad especial.

(ZF) de la teoría de conjuntos, o sea los axiomas que constituyen los fundamentos de nuestra matemática.

Cohen demostró que si ZF es consistente (es decir no contiene contradicciones) entonces AE es independiente de ZF, es decir, tanto ZF+AE con ZF+no AE son también consistentes. Esto significa que AE no es ni cierta ni falsa sino indemostrable a partir de nuestros axiomas ZF. Por tanto podemos ampliar nuestra axiomática añadiendo bien AE o su bien su negación y ambas elecciones dan lugar a axiomáticas consistentes.

¿Cuál elegir? Añadirlo a nuestra axiomática significa aceptar consecuencias aparentemente paradójicas como el Teorema de Banach-Tarski, pero añadir su negación significa privar a las matemáticas de mucha aplicaciones extraordinariamente útiles de las que sería muy difícil prescindir. Es por eso que en la actualidad ha sido ya *digerido* y completamente comprendido e integrado por la comunidad matemática y se considera el Axioma de Elección añadido a la lista de los axiomas de la teoría de conjuntos ZF.

Una situación análoga se planteó en el siglo XIX con la axiomática de la Geometría Euclidiana y el Axioma de las Paralelas (sobre la existencia de una *única* recta paralela a otra dada por un punto exterior). Tras múltiples intentos de demostrarlo a partir de los otros axiomas, se vio que su negación (o sea la no existencia de paralela o existencia de dos o más paralelas) también daba lugar a geometrías consistentes (geometría esférica o hiperbólica respectivamente) es decir, el Axioma de las Paralelas era independiente de los demás.

Pero, ¿es *matemáticamente* posible transformar por descomposición finita un esferita en el sol? ¿Cómo es *posible* que mediante transformaciones que conservan el volumen comencemos con una bola y terminemos con dos, o sea, dupliquemos el volumen?

Estamos acostumbrados a que todos los objetos que manejamos tengan asociado un volumen o, en lenguaje matemático, que sean medibles. Sin embargo, cuando se define la noción matemática de volumen (H. Lebesgue 1904) aparecen inevitablemente conjuntos no-medibles a los que no podemos asocia ningún volumen. Es decir, para poder medir lo que queremos, hemos de pagar el precio de *no poder medir* ciertos conjuntos. Lo que ocurre en el Teorema de Banach-Tarski es que los conjuntos en los que se trocea la bola son precisamente (y necesariamente) *no-medibles* y por tanto no tiene sentido hablar de conservación de volumen de esos conjuntos. De hecho puede ocurrir, como ocurre, que al ensamblarlos produzcan una conjunto de volumen el doble que el del comienzo. La mejor demostración del Teorema de Banach-Tarski conocida proviene de R. Robinson 1947 donde se utiliza un puzzle de 18 piezas.

Nos ocupamos finalmente del caso del plano. ¿Es posible enunciar un análogo al Teorema de Banach-Tarski en el plano? La respuesta ahora es que la duplicación del círculo no es posible. Para que dos conjuntos (medibles y acotados) del plano sean equivalentes por descomposición finita es necesario que sus áreas sean iguales y esta condición sólo se sabe que es suficiente en casos particulares.

En 1925, Tarski planteó la siguiente versión de la cuadratura del círculo: ¿Es un círculo equivalente por descomposición finita a un cuadrado de igual área? Dicho de otra forma, ¿es posible formar un puzzle a partir de un círculo y ensamblarlo para producir un cuadrado sin que sobren ni falten piezas?

En 1963 Dubins, Hirsch y Karush demostraron que no es posible si el puzzle se forma "utilizando tijeras" (lo que tiene un significado matemático preciso). Sin embargo en 1989 el matemático húngaro Laczkovich demostró que la respuesta al problema de Tarski es afirmativa, para lo cual necesitó una descomposición del orden de ¡10 50 piezas!. Finalmente, ¡se había logrado cuadrar el círculo!, (si bien no con "regla y compás" como proponía el problema original).

¿Es posible que un resultado tan poco intuitivo pero verdadero en el mundo matemático y evidentemente falso en el mundo real (donde *todos* los conjuntos son medibles) tenga aplicaciones físicas?. Hemos encontrado dos:

– En Augenstein, B.W. "Hadron physics and transfinite set theory" *Inter. J. Theoretical Phys.* 23 (1984) 1197-1205, el autor relaciona el Teorema de Banach-Tarski con descubrimientos sobre quarks.

– Aunque ya sepamos que, por culpa de los conjuntos no medibles no sea posible construir una maquina duplicadora incluso disponiendo del Teorema de Banach-Tarski, el lógico matemático H. Weyl encontró otra útil aplicación al re-escribir de manera más rigurosa un conocido pasaje bíblico, Mateo 14, 15-21: *Jesús de Nazaret:* "... tomad estos cinco panes y estos dos peces y dad de comer a esos que que nos siguen".

Discipulos: Maestro, ¿podemos usar el Axioma de Elección?

Por otro lado, la negación de AE es también extraña. Por ejemplo, la afirmación de que dados dos conjuntos cualesquiera *S* y *T*, la Cardinalidad de *S* es menor, igual, o mayor que la de *T* es equivalente al axioma de elección; en otras palabras, si se asume la negación de éste, hay dos conjuntos *S* y *T* de tamaño incomparable: ninguno se puede inyectar en el otro.

Una tercera posibilidad es probar teoremas sin usar ni el axioma ni su negación, la táctica preferida en matemáticas constructivas.

Tales afirmaciones serán ciertas en cualquier modelo de ZF, independientemente de la certeza o falsedad del axioma de elección en dicho modelo. Esto hace que cualquier proposición que requiera AE o su negación sea indecidible: la paradoja de Banach-Tarski, por ejemplo, no se puede demostrar como cierta (pues no se puede descomponer la esfera del modo indicado) ni como falsa (pues no se puede demostrar que tal descomposición no exista); ésta, sin embargo, se puede reformular como una afirmación sobre los modelos de ZF: "en todo modelo de ZF en el que valga AE, vale también la paradoja de Banach-Tarski". Asimismo, todas las afirmaciones listadas abajo que requieren elección o alguna versión más débil son indecidibles en ZF; pero por ser demostrables en ZFE, hay modelos de ZF en los que son ciertas.

Axiomas más fuertes: El axioma de constructibilidad[9], igual que la hipótesis del continuo generalizada, implica el axioma de elección, pero es

---

[9] En teoría de conjuntos, un universo constructible, o jerarquía constructible de Gödel, se denota por *L*, es una clase de conjuntos que pueden ser descritos en términos de «conjuntos más simples», los llamados conjuntos constructibles. La noción de conjunto constructible se define recursivamente, en un proceso numerado por números ordinales. Los conjuntos constructibles en el paso α se denominan L_α. Un conjunto constructible del paso siguiente, $L_{\alpha+1}$, se define como un subconjunto de algún conjunto en L_α definido por una fórmula de primer orden. El universo constructible es un modelo de la teoría de conjuntos estándar ZF en el que tanto el axioma de elección como la hipótesis del continuo generalizada son ciertos, probando que ambas proposiciones son consistentes con dicha teoría. Sin embargo, el axioma de constructibilidad, que afirma que todo conjunto es constructible, es independiente de los axiomas de ZF.

estrictamente más fuerte. n matemáticas, en la teoría de conjuntos, el universo construible, denotado L, es una clase particular de juegos que se pueden describir por completo en términos de conjuntos más simples. Fue introducido por Kurt Gödel en su artículo 1938 "La consistencia del axioma de elección y de la generalizada Continuum-hipótesis". En esto, él demostró que el universo construible es un modelo interno de la teoría de conjuntos ZF, y también que el axioma de elección y la hipótesis del continuo generalizada son verdaderas en el universo construible. Esto demuestra que ambas proposiciones son coherentes con los axiomas básicos de la teoría de conjuntos, si la propia ZF es consistente. Como muchos otros teoremas sólo tienen en los sistemas en los que una o ambas de las proposiciones es verdadera, su consistencia es un resultado importante.

¿Qué es la L?

L puede ser considerado como que se está construyendo en "etapas" se asemejan a la de von Neumann universo, V. Las etapas son indexados por los ordinales. En el universo de von Neumann, en una etapa sucesor, se toma 1 Va a ser el conjunto de todos los subconjuntos de la etapa anterior, Virginia Por el contrario, en el universo de Gödel construible L, uno utiliza sólo los subconjuntos de la etapa anterior que son:

1. definible por una fórmula en el lenguaje formal de la teoría de conjuntos
2. con los parámetros de la etapa anterior y
3. con los cuantificadores interpretados a oscilar sobre la etapa anterior.

Al limitar a sí mismo a los conjuntos definidos sólo en términos de lo que ya se ha construido, uno se asegura de que los conjuntos resultantes serán construidos de una manera que es independiente de las peculiaridades del modelo circundante de la teoría de conjuntos y contenidos en cualquier modelo.

Definir

L se define por recursión transfinita de la siguiente manera:

•

-
- Si es un ordinal límite, entonces <="" p="">

Para cualquier n ordinal finito, el Ln conjuntos y Vn son la misma, y por lo tanto L? = V? Sus elementos son exactamente los conjuntos hereditariamente finitos. La igualdad más allá de este punto no se sostiene. Incluso en los modelos de ZFC en el que V es igual a L, L? 1 es un subconjunto propio de V? 1, y posteriormente La 1 es un subconjunto propio del conjunto potencia de La para todo a>?.

Si a es un ordinal infinito, entonces hay una biyección entre La y una, y la biyección es construible. Así que estos conjuntos son equinumerosos en cualquier modelo de la teoria de conjuntos, que los incluye.

Como se ha definido anteriormente, Def es el conjunto de subconjuntos de X definidas por? 0 fórmulas que utilizan como parámetros sólo X y sus elementos.

Una definición alternativa, debido a Gödel, caracteriza a cada uno La 1 como la intersección del conjunto potencia de la con el cierre de debajo de una colección de nueve funciones explícitas. Esta definición no hace ninguna referencia a definibilidad.

Todos los subgrupos aritméticas de? y las relaciones de? pertenecen a L? 1. A la inversa, cualquier subconjunto de? que pertenece a L? 1 es aritmética. Por otra parte, L? 2 ya contiene ciertos subconjuntos no aritméticas de?, Tales como el conjunto de afirmaciones verdaderas aritméticos.

Todos los subgrupos de hyperaritmetica? y las relaciones de? pertenecen a, y por el contrario cualquier subconjunto de? que pertenece a es hyperaritmetica.

L es un modelo interno estándar de ZFC

L es un modelo estándar, es decir, es una clase transitiva y utiliza la relación elemento real, por lo que está bien fundamentada. L es un modelo interno, es decir, que contiene todos los números ordinales de V y no tiene juegos "extra" más allá de los de V, pero puede ser que sea una subclase apropiada de V. L es un modelo de ZFC, lo que significa que cumple los siguientes axiomas:

- Axioma de regularidad: cada conjunto x no vacio contiene algo de elemento y tal que x e y son conjuntos disjuntos.

Es una subestructura de que está bien fundada, por lo que L es fundado. En particular, si x? L, a continuación, por la transitividad de L, y? L. Si utilizamos el mismo y como en V, entonces todavia es disjunta de x porque estamos usando la misma relación del elemento y no nuevos juegos se añadieron.

- Axioma de extensionalidad: Dos conjuntos son iguales si y sólo si tienen los mismos elementos.

Si X e Y son en L y tienen los mismos elementos en L, a continuación, por L's transitividad, que tienen los mismos elementos. Así que ellos son iguales.

- Axioma de conjunto vacío: {} es un conjunto.

{} = L0 = y? L0 e y = y? L1. Así {}? L. Dado que la relación elemento es el mismo y no se añadieron nuevos elementos, este es el conjunto vacio de L.

- Axioma de la vinculación: si x, y son conjuntos, entonces {x, y} es un conjunto.

Si x? L e y? L, entonces hay algo de un ordinal tal que x? La e y? Luisiana A continuación, {x, y} = s? La 1. Por lo tanto {x, y}? L y tiene el mismo significado para L como para V.

- Axioma de la unión: Para cualquier x juego y hay un conjunto cuyos elementos son precisamente los elementos de los elementos de x.

Si x? La, a continuación, sus elementos son en La y sus elementos están también en Luisiana Por lo tanto y es un subconjunto de Luisiana y = s? La y no existe z? X tal que s? Z? La 1. Así, y? L.

- Axioma de infinitud: existe un conjunto x tal que {} está en x y siempre y está en x, por lo que es la unión y U {y}.

De inducción transfinita, obtenemos que cada una ordinal? La 1. En particular? L? 1 y por lo tanto?? L.

- Axioma de separación: Dado cualquier conjunto S y cualquier proposición P, x es un conjunto.

Por inducción en subfórmulas de P, se puede mostrar que hay un a tal que La contiene S y z1, ..., zn y. Así que x? S y P tiene en L = x? La yx? S y P tiene en La? La 1. Por lo tanto el subconjunto está en L.

- Axioma de reemplazo: Dado un conjunto S y cualquier cartografía, existe x S tal que P es un conjunto?.

Sea Q la fórmula que relativiza P a L, es decir, todos los cuantificadores en P se limitan a L. Q es una fórmula mucho más complejo que P, pero todavía es una fórmula finita, y puesto que P era un mapeo más de L, Q debe ser un mapeo sobre V, por lo que podemos aplicar de reemplazo en V a Q. Entonces y = x existe S tal que Q es un conjunto en V y una subclase de L. Una vez más usando el axioma de reemplazo en V, se puede mostrar? que debe haber un a tal que este conjunto es un subconjunto de La? La 1. A continuación, se puede utilizar el axioma de separación en L para acabar demostrando que es un elemento de L.

- Axioma de conjunto de alimentación: Para cualquier sistema de x existe un conjunto y, de tal manera que los elementos de y son precisamente los subconjuntos de x.

En general, algunos subconjuntos de un conjunto en L no estarán en L. Por lo tanto todo el conjunto potencia de un conjunto de L por lo general no estar en L. Lo que necesitamos aquí es para mostrar que la intersección de la potencia establecido con L es en reemplazo de Uso L. en V para mostrar que hay un a tal que la intersección es un subconjunto de Luisiana Entonces la intersección es z? La 1. Por lo tanto el conjunto requerido es en L.

- Axioma de elección: Dado un conjunto x de conjuntos no vacíos mutuamente disjuntos, y hay un conjunto que contiene exactamente un elemento de cada miembro de x.

Se puede demostrar que existe una definida buen orden de L cuya definición funciona de la misma manera en la misma L. Así se elige el menor elemento de cada miembro de la x para formar y utilizar los axiomas de la unión y la separación de L.

Tenga en cuenta que la prueba de que L es un modelo de ZFC sólo requiere que V sea un modelo de ZF, es decir, no asumimos que el axioma de elección tiene en V.

L es absoluta y mínima

Si W es cualquier modelo estándar de ZF compartir los mismos ordinales como V, a continuación, la L se define en W es la misma que la L se define en V. En particular, La es la misma en W y V, para cualquier un ordinal. Y las mismas fórmulas y parámetros en Def producen los mismos conjuntos Urbanizable en La 1.

Además, dado que L es una subclase de V y, de manera similar, L es una subclase de W, L es la clase más pequeña que contiene todos los ordinales que es un modelo estándar de ZF. En efecto, L es la intersección de todos los tales clases.

Si hay una W fijado en V, que es un modelo estándar de ZF y el ordinal? es el conjunto de ordinales que se producen en W, entonces L? L es la de W. Si hay un conjunto que es un modelo estándar de ZF, a continuación, el conjunto es más pequeño tal como una L?. Este conjunto se llama el modelo mínimo de ZFC. Usando el teorema de la baja Lwenheim-Skolem, se puede demostrar que el modelo mínimo es un conjunto numerable.

Por supuesto, cualquier teoría coherente debe tener un modelo, por lo que incluso en el modelo mínimo de la teoría de conjuntos hay conjuntos que son modelos de ZF. Sin embargo, los modelos de ajuste no son estándar. En particular, no utilizan la relación elemento normal y no están bien fundadas.

Debido a que tanto la L de L y V de L son el verdadero L y tanto la L de L? y la V de L? son el verdadero L?, tenemos que V = L es cierto en L y en ningún L? que es un modelo de ZF. Sin embargo, V = L no se sostiene en ningún otro modelo estándar de ZF.

L puede ser bien ordenado

Hay varias maneras de buen orden L. Algunas de ellas implican la "estructura fina" de L que fue descrito por primera vez por Ronald Bjorn

Jensen en su artículo 1972 titulado "La estructura fina de la jerarquía construible". En lugar de explicar la estructura fina, vamos a dar un esbozo de cómo L podría ser bien ordenado sólo con la definición dada anteriormente.

Supongamos que x e y son dos conjuntos diferentes en L y que desean determinar si xy. Si aparece x primero en La 1 e y aparece por primera vez en L 1 y es diferente de una, a continuación, dejar que x

Recuerde que La 1 = Def que utiliza fórmulas con parámetros de La para definir los conjuntos x e y. Si se descuenta de los parámetros, las fórmulas se pueden dar una numeración de Gödel estándar por los números naturales. Si F es la fórmula con el más pequeño número de Gödel que se puede utilizar para definir x, y? es la fórmula con el más pequeño número de Gödel que se puede utilizar para definir y, y? es diferente de F, a continuación, dejar que x

Supongamos que F usos n parámetros de Luisiana Supongamos z1, ..., zn es la secuencia de parámetros que pueden ser utilizados con F para definir x, y w1, ..., wn hace lo mismo para y. Entonces vamos x <="" p="">

El buen orden de los valores de los parámetros individuales se proporciona por la hipótesis inductiva de la inducción transfinito. Los valores de n-tuplas de parámetros están bien ordenados por el producto pedido. Las fórmulas con parámetros están bien ordenados por la suma ordenada de bien-ordenaciones. Y L es bien ordenado por la suma ordenada de los ordenamientos en La 1.

Tenga en cuenta que este buen orden se puede definir dentro de la propia L por una fórmula de la teoría de conjuntos sin ningún parámetro, sólo los libres las variables x e y. Y esta fórmula da el mismo valor de verdad independientemente de si se evalúa en L, V, o W y vamos a suponer que la fórmula es falsa si X o Y no está en L.

Es bien sabido que el axioma de elección es equivalente a la capacidad de bien de la orden cada conjunto. Ser capaz de bien para la clase V adecuada es equivalente al axioma de elección global que es más poderoso que el axioma de elección ordinaria, ya que también cubre las clases adecuadas de conjuntos no vacíos.

L tiene un principio de reflexión

Demostrando que el axioma de separación, axioma de reemplazo, y axioma de la bodega de elección en L requiere el uso de un principio de reflexión para L. Aquí se describe un principio tal.

Por inducción matemática en na tal que para cualquier P frase con z1, ..., zk en L y que contiene menos de n símbolos obtenemos que P tiene en L si y sólo si se tiene en L.

La hipótesis del continuo generalizada sostiene en L

Vamos, y sea T un subconjunto construible de S. Entonces hay algunos con, por lo que, por alguna fórmula F y algunos extrae de. Por el teorema de la baja Louwenheim-Skolem, debe haber algún conjunto transitiva K que contiene y algunos, y que tiene la misma teoría de primer orden como con la sustituido para el, y este K tendrá el mismo como cardenal. Como ocurre en, también es cierto en K, así que para algunos? con el mismo cardinal como. Y debido a que y tienen la misma teoría. Así que T es, de hecho, en.

Así que todos los subconjuntos construibles de un conjunto infinito S tienen filas con el mismo cardenal? como el rango de S, se deduce que si a es el ordinal inicial +, sirve entonces como el "powerset" de S dentro L. Y esto a su vez significa que el "juego de poder" de S tiene cardinal como máximo | |? A | |. Suponiendo S si ha cardenal?, El "kit de propulsión", entonces debe haber cardinal exactamente? +. Pero esto es precisamente la hipótesis del continuo generalizada relativizado a L.

Conjuntos construibles son definibles a partir de los ordinales

Hay una fórmula de la teoría de conjuntos que expresa la idea de que X = L bis Sólo tiene variables libres para X y a. Con esto podemos ampliar la definición de cada set construible. Si s La 1, entonces s = y La y F tiene en por alguna fórmula F y algunos z1, ..., zn en Luisiana Esto es equivalente a decir que:? Para todos y, y s si y sólo si ¿dónde? es el resultado de restringir cada cuantificador en F a X. Observe que cada zk? L 1 para algunos <="" p="">

Ejemplo: El conjunto {? 5,} es construible. Es el único conjunto, s, que satisface la fórmula:, donde es la abreviatura de: En realidad, incluso esta fórmula compleja se ha simplificado de lo que las instrucciones dadas en el párrafo primero se dió. Pero el punto sigue siendo, no es una fórmula de la teoría de conjuntos que es cierto sólo para el conjunto construible s deseado y que contiene parámetros sólo para los ordinales.

Constructibilidad relativa

A veces es deseable encontrar un modelo de la teoría de conjuntos que es estrecho, como L, pero que incluye o está influenciada por un conjunto que no es construible. Esto da lugar al concepto de constructibilidad relativa, de los cuales hay dos sabores, denotan L y L.

La clase L para un conjunto no urbanizable A es la intersección de todas las clases que son los modelos estándar de la teoría de conjuntos y contienen A y todos los ordinales.

L se define por recursión transfinita de la siguiente manera:

- L0 = el conjunto transitiva más pequeña que contiene A como un elemento, es decir, el cierre transitivo de {A}.
- La 1 = Def

En teorías de clases, tales como la teoría de conjuntos de Von Neumann-Bernays-Gödel o la de Morse-Kelley, hay un posible axioma llamado axioma de elección global, que es más fuerte que el axioma de elección para conjuntos pues aplica también a clases propias.

Equivalentes: Existe un gran número de proposiciones importantes que, asumiendo los axiomas de ZF (sin AE ni su negación), son equivalentes al axioma de elección, en el sentido de que de cualquiera de ellas puede demostrarse dicho axioma y viceversa.[4] Entre los más importantes están el principio de buena ordenación de Zermelo y el lema de Zorn.

Las siguientes proposiciones son equivalentes al axioma de elección:[5]

Teoría de conjuntos

- Principio de buena ordenación de Zermelo: todo conjunto puede ser bien ordenado.
- Si un conjunto *A* es infinito, entonces *A* tiene la misma cardinalidad que *A* × *A*.

- Tricotomía: dados dos conjuntos, éstos tienen la misma cardinalidad, o bien uno tiene una cardinalidad menor que el otro.
- Toda función sobreyectiva tiene una inversa por derecha.
- Teorema de König: la suma de una familia de cardinales es estrictamente menor que el producto de una familia de cardinales mayores.[6]

Teoría del orden

- Lema de Zorn: Si en un conjunto parcialmente ordenado no vacío todo subconjunto totalmente ordenado —toda cadena— posee cota superior, entonces existe al menos un elemento maximal.
- Principio maximal de Hausdorff: Todo conjunto parcialmente ordenado contiene una cadena maximal.

Álgebra

- Todo espacio vectorial tiene una base.
- Todo anillo unitario distinto del trivial contiene un ideal maximal.

Topología

- Teorema de Tychonoff: todo producto de espacios compactos es compacto.
- En la topología producto, la clausura de un producto de subconjuntos es igual al producto de sus respectivas clausuras.[cita requerida]
- Todo producto de espacios uniformes completos es asimismo completo.[cita requerida]

Formas más débiles

Hay varias proposiciones más débiles que, aunque no equivalentes al axioma de elección, están fuertemente relacionadas como, por ejemplo:

- El axioma de elección numerable, que dice que toda colección *numerable* de conjuntos no vacíos tiene función de elección. Esto normalmente basta para probar afirmaciones sobre los reales, por ejemplo, pues los números racionales, que son numerables, forman un subconjunto denso de los reales.

- El axioma de elección dependiente.

Resultados que requieren AE pero son más débiles

Uno de los aspectos más interesantes del axioma de elección es el gran número de lugares en la matemática en los que aparece. He aquí algunas afirmaciones que requieren el axioma de elección en el sentido de que no son demostrables en ZF pero sí en ZFE. De forma equivalente, éstas son ciertas en todos los modelos de ZFE y falsas en algunos modelos de ZF.

- Teoría de conjuntos
  - Toda unión de numerables conjuntos numerables es asimismo numerable.
  - Si el conjunto *A* es infinito, existe una función inyectiva del conjunto de los naturales N a *A*.
- Teoría de la medida
  - Existen subconjuntos de los reales que no tienen medida de Lebesgue (el conjunto de Vitali).
  - La paradoja de Hausdorff.
  - La paradoja de Banach-Tarski.
- Álgebra
  - Todo cuerpo tiene clausura algebraica.
  - Todo subgrupo de un grupo libre es también libre (teorema de Nielsen-Schreier).
  - Los grupos aditivos R y C son isomorfos.[7]
- Teoría del orden:
  - Todo conjunto puede ser linealmente ordenado.
- Álgebra de Boole
  - Todo filtro en un álgebra de Boole puede ser extendido a un ultrafiltro.
- Análisis funcional
  - El teorema de Hahn-Banach en análisis funcional, que permite la extensión de funcionales lineales.
  - Todo espacio de Hilbert tiene una base ortonormal.
  - El teorema de la categoría de Baire sobre espacios métricos completos, y sus consecuencias.
  - En todo espacio vectorial topológico de dimensión infinita hay una función lineal discontinua.
- Topología
  - Un espacio uniforme es compacto si y sólo si es completo y totalmente acotado.

- Todo espacio de Tychonoff tiene una compactificación de Stone-Čech.

Formas más fuertes de AE; Ahora, se considerarán formas más fuertes de la negación de AE. Por ejemplo, la afirmación de que todo conjunto de números reales tiene la propiedad de Baire es más fuerte que ¬AE, que niega la existencia de una función de elección en tal vez una sola colección de conjuntos no vacíos.

Resultados que requieren AE; Hay modelos de la teoría de Zermelo-Fraenkel en los que el axioma de elección es falso; en adelante se abreviará "teoría de conjuntos de Zermelo-Fraenkel más la negación del axioma de elección" por ZF¬E. En algunos modelos de ZF¬E es posible probar la negación de algunas propiedades comunes. Y puesto que un modelo de ZF¬E es también modelo de ZF, cada una de las siguientes afirmaciones es válida en algún modelo de ZF (suponiendo, como siempre, que ZF es consistente):

- Existe un modelo de ZF¬E en el que hay una función *f* de los reales en los reales que no es continua en *a*, pero para toda secuencia $\{x_n\}$ que converja a *a*, $f(x_n)$ converge a $f(a)$.
- Existe un modelo de ZF¬E en el que el conjunto de los reales es una unión numerable de conjuntos numerables.
- Existe un modelo de ZF¬E en el que hay un cuerpo sin clausura algebraica.
- En todos los modelos de ZF¬E hay un espacio vectorial sin base.
- Existe un modelo de ZF¬E en el que hay un espacio vectorial con dos bases de cardinalidad diferente.
- Existe un modelo de ZF¬E en el que todo subconjunto de R^n es medible. Con esto es posible eliminar resultados contraintuitivos como la paradoja de Banach-Tarski, que son demostrables en ZFE.
- En ningún modelo de ZF¬E vale la hipótesis del continuo generalizada.
- En teoría de conjuntos, la hipótesis del continuo es un enunciado relativo a la cardinalidad del conjunto de los números reales, formulado como una hipótesis por Georg Cantor en 1878. Su enunciado afirma que no existen conjuntos infinitos cuyo tamaño esté estrictamente comprendido entre el del conjunto de los números naturales y el del conjunto de los reales. El nombre *continuo* hace referencia al conjunto de los reales.
- La hipótesis del continuo fue uno de los 23 problemas de Hilbert propuestos en 1900. Las contribuciones de Kurt Gödel y Paul Cohen

demostraron que es de hecho independiente de los axiomas de Zermelo-Fraenkel, el conjunto de axiomas estándar en teoría de conjuntos.

- En teoría de conjuntos, el concepto de número cardinal se introduce para clasificar y estudiar los distintos tipos de infinitos. El cardinal del conjunto de los números naturales **N** se denota por $\aleph_0$. Los conjuntos de los números enteros **Z** y de los números racionales **Q** tienen el mismo cardinal, y se dicen *numerables*. El conjunto de los números reales **R** tienen un cardinal más grande denotado por *c* (por *continuo*), cuyo valor preciso es $2^{\aleph_0}$ cuando se expresa en la aritmética de cardinales infinitos.
- Esta expresión puede entenderse al escribir un número real, puesto que en general es necesario incluir en su parte fraccionaria una sucesión infinita de cifras:
- $\pi = 3.14159...$
- La cantidad de números reales que pueden escribirse es igual al número de combinaciones posibles. Por ejemplo, un número de 3 cifras tiene $10^3 = 1000$ valores posibles. En el caso de un número real arbitrario el número de cifras es infinito o, de otro modo, el número de cifras es $\aleph_0$, por lo que existen $10^{\aleph_0}$ valores posibles. Puesto que la base de esta expresión es finita mientras que su exponente es infinito, el valor concreto de la base no afecta al valor final de la expresión, y puede escribirse también como $2^{\aleph_0}$.
- Un subconjunto de **R** tiene necesariamente un cardinal o bien menor que $2^{\aleph_0}$ (por ejemplo, los números naturales **N**, con cardinal $\aleph_0$), o bien igual a $2^{\aleph_0}$ (como por ejemplo el intervalo [0, 1] de los números entre 0 y 1). La hipótesis del continuo afirma precisamente que no es posible encontrar un subconjunto de **R** con cardinal comprendido entre $\aleph_0$ y $2^{\aleph_0}$.

La hipótesis del continuo afirma que no existen conjuntos con cardinalidades intermedias entre los naturales y los reales:

Hipótesis del continuo

No existe ningún conjunto A tal que su cardinal $|A|$ cumpla:

$$\aleph_0 < |A| < 2^{\aleph_0}$$

Si se asume el axioma de elección, la estructura de los cardinales infinitos es más clara: todos los cardinales infinitos son álefs y están bien ordenados, por lo que existe sólo un cardinal inmediatamente superior a $\aleph_0$, denotado por $\aleph_1$. La hipótesis es equivalente entonces a:

Hipótesis del continuo (con AE)

El cardinal del conjunto de los números reales es el inmediatamente superior al cardinal de los números naturales:

$$2^{\aleph_0} = \aleph_1$$

Cantor creía que el enunciado de la hipótesis del continuo era cierto, e intentó probarlo infructuosamente. El problema llegó a ser tan célebre que David Hilbert lo incluyó como el primero de su lista de los 23 problemas matemáticos del siglo. Sin embargo, la hipótesis del continuo es independiente o indecidible: partiendo de los axiomas de la teoría de conjuntos no puede probarse ni refutarse. La demostración de su consistencia (es decir, que no puede refutarse) fue dada por Kurt Gödel en 1940, y se basa en la clase de los conjuntos constructibles *L*. En 1963, Paul Cohen demostró la independencia (que no puede probarse), mediante el método de *forcing*.

Bibliografía

- Felgner, Ulrich (1971) (en inglés). *Models of ZF-Set Theory*. LNM. Heidelberg: Springer.

- Hrbacek, Karen; Jech, Thomas (1999) (en inglés). *Introduction to set theory* (3a. edición). New York: Marcel Dekker.

- Kunen, Kenneth (1980) (en inglés). *Set theory: an introduction to independence proofs*. Amsterdam: Elsevier. ISBN 0-444-86839-9.

- Levy, Azriel (2002) (en inglés). *Basic set theory*. Mineola, New York: Dover.

- Van Heijenoort, Jean (1967) (en inglés). *From Frege to Gödel: a source book in mathematical logic, 1879–1931*. Cambridge, Massachusetts: Harvard University Press. ISBN 0-674-32449-8.

- Zermelo, Ernst (1904). «Beweisß, da jede Menge wohlgeordnet werden kann [Demostración de que todo conjunto puede ser bien ordenado]» (en alemán). *Mathematische Annalen* 59 (4): pp. 514–516. doi:10.1007/BF01445300. Reimpreso con traducción al inglés en Zermelo, 2010, pp. 114-119, y traducción al inglés en van Heijernoort, 1967, pp. 139-141.

- Zermelo, Ernst (1908). «Untersuchungen über die Grundlagen der Mengenlehre. I» (en alemán). *Mathematische Annalen* 65 (2): pp. 261–281. Reimpreso con traducción al inglés en Zermelo, 2010, pp. 188-229, y traducción al inglés en van Heijernoort, 1967, pp. 199-215.

- Zermelo, Ernst (2010) (en alemán y inglés). *Collected Works — Gesammelte Werke*. I. Heidelberg: Springer. ISBN 978-3-540-79383-0.

Categorías:

Teoría de modelos: En matemática, **teoría de modelos** es el estudio de (clases de) estructuras matemáticas tales como grupos, cuerpos, grafos, o incluso universos de teoría de conjuntos, en relación con las teorías axiomáticas y la lógica matemática. una teoría matemática está formada por un conjunto de teoremas y axiomas. Los teoremas son proposiciones lógicamente deducibles de los axiomas. En el enfoque moderno, las teorías se conciben como un conjunto de proposiciones expresables en un cierto lenguaje formal que recoge explícitamente el conjunto de símbolos de la teoría, los axiomas y las reglas de deducción. El aparataje anterior define la sintaxis de la teoría.

En ese punto, la teoría de modelos permite definir la semántica de una teoría. Así un modelo $\mathfrak{A}$es una L-estructura $\mathfrak{A} = (A, \phi)$donde una cadena de signos o sentencia del lenguaje formal de la teoría correctamente formada puede ser interpretada y verificada (es decir, o bien la proposición o su negación se satisfacen en el modelo). Un modelo $\mathfrak{A}$para una teoría Tes una estructura $\mathfrak{A} \in \mathrm{Mod}\ \mathrm{T}$donde los axiomas y teoremas de la teoría se satisfacen. Por ejemplo, el conjunto de números naturales constituyen un modelo para los axiomas de Peano. Un grupo matemático es un modelo de la teoría de grupos (aunque en este caso existe más de un modelo posible, cada grupo de hecho es un modelo de la teoría).

Por tanto, un modelo es una estructura donde las oraciones formales de la teoría (es decir, una cadena de signos matemáticos) son interpretables y por tanto las oraciones pueden considerarse como afirmaciones sobre el modelo. Existe un paralelo con el lenguaje común y la realidad, una realidad física o un objeto físico real son análogos a un modelo matemático, mientras que una descripción descripción verbal de esa realidad física es una teoría para dicho modelo. Si un modelo para un lenguaje formal satisface además una oración o una teoria (conjunto de oraciones), se llama modelo *de* una oración o teoría. La teoria de modelos tiene fuertes lazos con el álgebra y el álgebra universal. La teoria de modelos finitos es la parte de la teoría de modelos más cercanas al álgebra universal. Al igual que otras partesl del álgebra universal, y a diferencia con otras áreas de la teoría de modelos, está relacionada principalmente con álgebras finitas, o más generalmente, con una σ-estructura finita para signaturas σ que pueden contener símbolos relacionales como en el siguiente ejemplo:

La signatura estándar para grafos es σ_{grph}={*E*}, donde *E* es un símbolo de relación binaria.

Un grafo es una σ_{grph}-estructura que satisface las proposiciones $\forall u \forall v(uEv \to vEu)$ y $\forall u \neg (uEu)$.

Un σ-homomorfismo es una aplicación que conmuta con las operaciones y preserva relaciones de σ. Esta definición lleva a la noción usual de homomorfismo de grafos, que tiene la propiedad interesante que un homomorfismo biyectivo no necesita tener inverso. Las estructuras también forman parte del álgebra universal, después de todo, algunas estructuras algebraicas tales como grupos ordenados admiten una relación binaria del tipo < "menor que". Lo que distingue a un modelo finito de un ágebra universal es el uso de proposiciones lógicas más generales (como el ejemplo anterior) en lugar de identidades (en un contexto de teoría de modelos la identidad *t=t'* se escribe como una proposición $\forall u_1 u_2 \ldots u_n(t = t')$.)

La lógica empleada en una teoría de modelos finitos generalmente es más expresiva que una lógica de pirmer orden, o la lógica estándar para la teoría de modelos más general o las estructuras infinitas.

Este artículo se enfoca en teoría finitaria de modelos de primer orden de estructuras infinitas. La teoría de modelos finitos, la cual se concentra en estructuras finitas, diverge significativamente del estudio de estructuras infinitas tanto en los problemas estudiados como en las técnicas usadas. La teoría de modelos en lógicas de orden superior o lógicas infinitarias está obstaculizada por el hecho de que la completitud no se cumple para estas lógicas. Actualmente existe un número importante de resultados sobre las propiedades de los sistemas lógicos tanto de primer orden como de segundo orden.

Debe tenerse presente que dada una teoría lógica de primer orden generalmente existe más de un modelo para dicha teoría, y dichos modelos usualmente no son isomorfos. Eso significa que los axiomas de una determinada teoría caracterizan en realidad aspectos de diferentes tipos de estructuras. Muchas veces esto es un resultado buscado. Por ejemplo, la teoría de grupos y sus axiomas definitorios admiten diversos modelos (cada grupo matemático de hecho es un modelo es un modelo de dicha teoría). En otras ocasiones como en el intento de formalizar los números reales mediante una teoría de primer orden se buscaba que esencialmente existiera un modelo único, sin embargo, el teorema de Löwenheim-Skolem permite ver que existen diversos modelos no isomorfos, entre ellos los números reales convencionales, pero también los números hiperreales constituyen otro modelo no isomorfo al anterior que también satisface los mismos axiomas y teoremas que los números reales.

La existencia de un modelo permite establecer la consistencia de una teoría. La existencia de diferentes modelos puede permitir establecer la independencia de algunos axiomas. Esencialmente eso es lo que puede establecer la teoría de modelos aplicada a la teoría de conjuntos axiomática, por ejemplo. La existencia de diferentes modelos posibles para los axiomas de Zermelo-Fraenkel (ZFC) ha permitido establecer la independencia del axioma de elección y de la hipótesis del continuo de otros axiomas de la teoría de conjuntos (los principales resultados se deben a Paul Cohen (1963) y Kurt Gödel (1938)).

Se ha probado que tanto el axioma de elección como su negación son consistentes con los axiomas de Zermelo-Fraenkel de la teoría de conjuntos. Y la hipótesis del continuo, es lógicamente independiente, de los axiomas de Zermelo-Fraenkel y el axioma de elección. Estos resultados son ejemplos de aplicaciones de la teoría de modelos a la teoría axiomática de conjuntos.

Modelos para la teoría de los números reales

Un ejemplo de los conceptos de la teoría de modelos es la teoría de los números reales. Comenzamos con un conjunto de individuos, donde cada individuo es un número real y un conjunto de relaciones y/o funciones como {×, +, −, 0, 1}. Si hacemos una pregunta "$\exists\ y\ (y \times y = 1 + 1)$" en este lenguaje, entonces está claro que la sentencia es verdadera para reales, ya que existe tal número real *y*, a saber la raíz cuadrada de 2. Para los números racionales, sin embargo, la sentencia es falsa. Una proposición similar, "$\exists\ y\ (y \times y = 0 - 1)$", es falsa en los reales, pero es verdadera en los números complejos, donde $i \times i = 0 - 1$. La teoría de modelos puede emplearse como herramienta en la teoría de la demostración que se ocupa preocupa de lo que se puede probar con sistemas matemáticos dados, y cómo estos sistemas se relacionan entre sí. En principio la teoría de la demostración se ocupa de la complejidad sintáctica de las teorías a diferencia de la teoría de modelos que se ocupa principalmente de las posibilidades semánticas de la teoría.

La Paradoja de Banach-Tarski

Carlos Ivorra
(http://www.uv.es/=ivorra)

El propósito de estas páginas es demostrar el siguiente teorema:

Paradoja de Banach-Tarski *Es posible dividir una esfera (llena) de radio 1 en ocho partes disjuntas dos a dos, de modo que, aplicando movimientos oportunos a cinco de ellas, obtengamos nuevos conjuntos que constituyan una partición de una esfera (llena) de radio 1, y lo mismo ocurra con las tres partes restantes.*

En otras palabras, es posible fabricar un puzzle de ocho piezas que, combinadas de una determinada manera, formen una esfera llena (sin agujeros) y, combinadas de otra manera, formen dos esferas llenas (sin agujeros) del mismo radio, tal y como ilustra la figura:

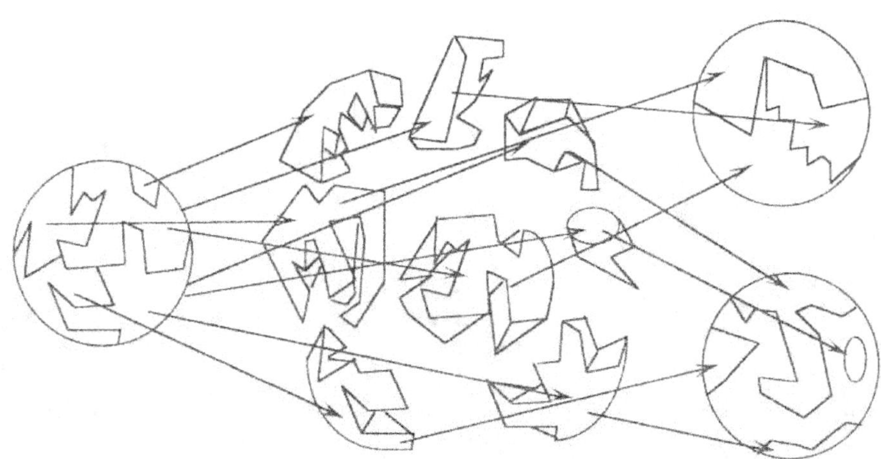

Se puede demostrar que el número total de partes necesario puede reducirse a cinco (y que con cuatro es imposible).

Quizá sea conveniente advertir que, a pesar de su nombre, este resultado es un teorema matemático como cualquier otro, no una falacia cuya prueba contenga alguna clase de error. Desde un punto de vista físico, la construcción de tales piezas es imposible porque el concepto geométrico de punto no tiene realidad física. (Por ejemplo, veremos que una de las ocho piezas consta únicamente de un punto.)

Desde un punto de vista matemático, parece que la paradoja de Banach-Tarski pueda refutarse basándose en el hecho de que las dos esferas finales tienen el doble de volumen que la esfera inicial. Sin embargo, lo que prueba la paradoja es que no es posible definir el volumen de cualquier conjunto de puntos: los trozos en que se descompone la esfera no tienen volumen (técnicamente, son conjuntos no medibles Lebesgue), por lo que no es posible apelar al hecho de que los movimientos conservan el volumen. (Los movimientos sólo conservan el volumen de los conjuntos que tienen volumen.)

La demostración de la paradoja se basa en las propiedades de los giros de $\mathbb{R}^3$. En lo sucesivo, por *giro* entenderemos un giro en $\mathbb{R}^3$ respecto a un eje que pasa por el origen, pues no vamos a necesitar otro tipo de giros. En la práctica sólo vamos a necesitar la siguiente caracterización operativa de los giros:

> *Una aplicación lineal $\varphi : \mathbb{R}^3 \longrightarrow \mathbb{R}^3$ (determinada por una matriz A de dimensión 3×3) es un giro si y sólo si φ es una isometría de determinante 1, es decir, si y sólo si la matriz A es regular, cumple $AA^t = I$ y $|A| = 1$.*

A partir de esta caracterización es inmediato que la composición de dos giros vuelve a ser un giro y que la aplicación inversa de un giro es otro giro. Admitiremos también como giro (por definición) a la aplicación identidad, de modo que el conjunto de todos los giros resulta ser un grupo con la composición de aplicaciones.

Fijemos un número real ω y consideremos las matrices

$$\Phi = \begin{pmatrix} -\cos\omega & 0 & \operatorname{sen}\omega \\ 0 & -1 & 0 \\ \operatorname{sen}\omega & 0 & \cos\omega \end{pmatrix}, \qquad \Psi = \begin{pmatrix} -1/2 & \sqrt{3}/2 & 0 \\ -\sqrt{3}/2 & -1/2 & 0 \\ 0 & 0 & 1 \end{pmatrix}.$$

Una comprobación rutinaria muestra que Φ y Ψ son las matrices de sendos giros (es decir, que cumplen que $\Phi\Phi^t = \Psi\Psi^t = I$ y que $|\Phi| = |\Psi| = 1$), así como que $\Phi^2 = \Psi^3 = I$.

Nota La relación $\Phi^2 = I$ se interpreta como que Φ es un giro de π radianes e, igualmente, $\Psi^3 = I$ significa que Ψ es un giro de $2\pi/3$ radianes. Llamando $w = (\operatorname{sen}(\omega/2), 0, \cos(\omega/2))$, es fácil ver que $w\Phi = w$, lo que se interpreta como que el vector w apunta en la dirección del eje de giro. Así pues, Φ es un giro de π radianes cuyo eje es la recta del plano XZ que forma un ángulo $\omega/2$ respecto del eje Z. Respecto a Ψ, es fácil ver que su eje de giro es el eje Z. No vamos a necesitar estos hechos. ■

El corazón de la paradoja de Banach-Tarski es el siguiente teorema, debido a Hausdorff. La prueba es puro cálculo, pero transparente:

> *Sea ω un número real tal que $\cos\omega$ sea un número trascendente, es decir, que no sea raíz de ningún polinomio con coeficientes racionales. Sean $\sigma_1, \ldots, \sigma_n$ matrices de la forma $\sigma_i = \Phi$, $\sigma_i = \Psi$ o $\sigma_i = \Psi^2$, pero tales que no haya dos consecutivas con las misma base (que las Φs y las Ψs se alternen). Entonces la matriz $\sigma_1 \cdots \sigma_n$ no es la identidad.*

Demostración: Una expresión de la forma indicada ha de ser de una de estas clases, según cómo empiece y cómo acabe:

1. $\Psi^{p_1}\Phi\Psi^{p_2}\Phi\cdots\Psi^{p_m}\Phi$,

2. $\Phi\Psi^{p_1}\Phi\Psi^{p_2}\cdots\Phi\Psi^{p_m}$,

3. $\Psi^{p_1}\Phi\Psi^{p_2}\Phi\cdots\Phi\Psi^{p_m}$,

4. $\Phi\Psi^{p_1}\Phi\Psi^{p_2}\cdots\Psi^{p_m}\Phi$,

donde cada p_i es 1 o 2 y $m \geq 1$.

Vamos a probar el teorema para las expresiones del tipo 1), es decir, para expresiones de la forma $\tau_1\cdots\tau_n$ donde cada $\tau_i = \Psi\Phi$ o $\tau_i = \Psi^2\Phi$, o sea, una de las dos matrices

$$\begin{pmatrix} \frac{1}{2}\cos\omega & \mp\frac{\sqrt{3}}{2}\cos\omega & \operatorname{sen}\omega \\ \pm\frac{\sqrt{3}}{2} & \frac{1}{2} & 0 \\ -\frac{1}{2}\operatorname{sen}\omega & \pm\frac{\sqrt{3}}{2}\operatorname{sen}\omega & \cos\omega \end{pmatrix}$$

Queremos probar que $\tau_1\cdots\tau_n$ no es nunca la identidad. Por simplificar vamos a ocuparnos sólo de su última fila, es decir, de $(0,0,1)\tau_1\cdots\tau_n$. Vamos a probar que

$$(0,0,1)\tau_1\cdots\tau_n = (P_{n-1}(\cos\omega)\operatorname{sen}\omega, \sqrt{3}\,Q_{n-1}(\cos\omega)\operatorname{sen}\omega, R_n(\cos\omega)),$$

donde P_n, Q_n, R_n son los polinomios dados por:

$$P_0(x) = -\frac{1}{2}, \qquad Q_0(x) = \pm\frac{1}{2}, \qquad R_1(x) = x,$$

$$P_n(x) = \frac{1}{2}xP_{n-1}(x) \pm \frac{3}{2}Q_{n-1}(x) - \frac{1}{2}R_n(x),$$

$$Q_n(x) = \mp\frac{1}{2}xP_{n-1}(x) + \frac{1}{2}Q_{n-1}(x) \pm \frac{1}{2}R_n(x),$$

$$R_{n+1}(x) = (1-x^2)P_{n-1}(x) + xR_n(x).$$

(Después veremos que los subíndices se corresponden con los grados.)

Para $n = 1$ es inmediato. Si lo suponemos cierto para n, entonces $(0,0,1)\tau_1\cdots\tau_{n+1} =$

$$(P_{n-1}(\cos\omega)\operatorname{sen}\omega, \sqrt{3}\,Q_{n-1}(\cos\omega)\operatorname{sen}\omega, R_n(\cos\omega))\begin{pmatrix} \frac{1}{2}\cos\omega & \mp\frac{\sqrt{3}}{2}\cos\omega & \operatorname{sen}\omega \\ \pm\frac{\sqrt{3}}{2} & \frac{1}{2} & 0 \\ -\frac{1}{2}\operatorname{sen}\omega & \pm\frac{\sqrt{3}}{2}\operatorname{sen}\omega & \cos\omega \end{pmatrix}$$

$$= \Big(P_{n-1}(\cos\omega)\frac{1}{2}\cos\omega\,\text{sen}\,\omega \pm \frac{3}{2}Q_{n-1}(\cos\omega)\,\text{sen}\,\omega - \frac{1}{2}R_n(\cos\omega)\,\text{sen}\,\omega,$$

$$+\frac{\sqrt{3}}{2}P_{n-1}(\cos\omega)\cos\omega\,\text{sen}\,\omega - \frac{\sqrt{3}}{2}Q_{n-1}(\cos\omega)\,\text{sen}\,\omega \pm \frac{\sqrt{3}}{2}R_n(\cos\omega)\,\text{sen}\,\omega,$$

$$P_{n-1}(\cos\omega)\,\text{sen}^2\,\omega + R_n(\cos\omega)\cos\omega\Big)$$

$$= \Big(\text{sen}\,\omega\,(\frac{1}{2}\cos\omega P_{n-1}(\cos\omega) \pm \frac{3}{2}Q_{n-1}(\cos\omega) - \frac{1}{2}R_n(\cos\omega)),$$

$$\sqrt{3}\,\text{sen}\,\omega(+\frac{1}{2}\cos\omega P_{n-1}(\cos\omega) + \frac{1}{2}Q_{n-1}(\cos\omega) \pm \frac{1}{2}R_n(\cos\omega)),$$

$$(1-\cos^2\omega)P_{n-1}(\cos\omega) + \cos\omega R_n(\cos\omega)\Big)$$

$$= (P_n(\cos\omega)\,\text{sen}\,\omega,\ \sqrt{3}\,Q_n(\cos\omega)\,\text{sen}\,\omega,\ R_{n+1}(\cos\omega)).$$

Con esto queda probado que la relación es válida para todo n. Ahora probamos que los polinomios P_n, Q_n y R_n tienen grado n y coeficiente director

$$-\frac{1}{2}\left(\frac{3}{2}\right)^n, \qquad \mp\frac{1}{2}\left(\frac{3}{2}\right)^n, \qquad \left(\frac{3}{2}\right)^n,$$

respectivamente.

Para P_0, Q_0 y R_1 es claro. Si se cumple para P_{n-1}, Q_{n-1} y R_n, el coeficiente de grado n de P_n será

$$\frac{1}{2}\left(-\frac{1}{2}\right)\left(\frac{3}{2}\right)^{n-1} - \frac{1}{2}\left(\frac{3}{2}\right)^{n-1} = -\frac{1}{2}\left(\frac{3}{2}\right)^n,$$

lo que, en particular, prueba que P_n tiene grado n.

El coeficiente de grado n de Q_n será

$$\mp\frac{1}{2}\left(-\frac{1}{2}\right)\left(\frac{3}{2}\right)^{n-1} \pm \frac{1}{2}\left(\frac{3}{2}\right)^{n-1} = \pm\frac{1}{2}\left(\frac{3}{2}\right)^n,$$

luego Q_n también tiene grado n.

Por último, el coeficiente de grado $n+1$ de R_{n+1} es

$$-\left(-\frac{1}{2}\right)\left(\frac{3}{2}\right)^{n-1} + \left(\frac{3}{2}\right)^{n-1} = \left(\frac{3}{2}\right)^n,$$

luego R_{n+1} tiene grado $n+1$.

En particular, hemos probado que el coeficiente inferior derecho de la matriz $\tau_1\cdots\tau_n$ es de la forma $R_n(\cos\omega)$, donde $R_n(x)$ es un polinomio de grado n (luego no nulo) con coeficientes racionales. El polinomio $R_n(x) - 1$ también es no nulo y con coeficientes racionales y, como $\cos\omega$ es un número trascendente, tenemos que $R_n(\cos\omega) - 1 \neq 0$, luego la matriz $\tau_1\cdots\tau_n$ no puede tener un 1 en su entrada inferior derecha, luego no puede ser la identidad.

Ahora probamos que los otros tres casos del teorema se reducen al primero. Si $\Phi\Psi^{p_1}\Phi\Psi^{p_2}\dots\Phi\Psi^{p_m} = I$ (caso 2), multiplicamos por Φ por la izquierda y la derecha y obtenemos $\Psi^{p_1}\Phi\Psi^{p_2}\dots\Phi\Psi^{p_m}\Phi = \Phi^2 = I$, lo cual es imposible por el caso 1 que ya hemos probado.

Si pudiera ocurrir que $\Psi^{p_1}\Phi\Psi^{p_2}\Phi\dots\Phi\Psi^{p_m} = I$, tomamos el menor natural m para el que esto suceda (necesariamente $m > 1$). Si $p_1 = p_m$, multiplicando por Ψ^{-p_1} por la izquierda y por Ψ^{p_1} por la derecha queda $\Phi\Psi^{p_2}\Phi\dots\Phi\Psi^{p_m+p_1} = I$, que es imposible por el caso 2, ya que $\Psi^{p_m+p_1} = \Psi^{2p_1}$ puede ser Ψ o Ψ^2, pero no desaparece.

Si $p_1 \neq p_m$, entonces $p_1 + p_m = 3$. Si $m > 3$ multiplicamos por $\Phi\Psi^{p_m}$ por la izquierda y por $\Psi^{p_1}\Phi$ por la derecha, con lo que queda $\Psi^{p_2}\Phi\dots\Phi\Psi^{p_{m-1}} = I$, que es de tipo 3, pero de menor longitud, en contradicción con la minimalidad de m.

Quedan los casos $m = 2, 3$. Si $m = 2$ la expresión se reduce a $\Psi^{p_1}\Phi\Psi^{p_2} = I$, con lo que $\Phi = \Psi^{-p_1}\Psi^{-p_1} = \Psi^{-3} = I$, contradicción.

Si $m = 3$ queda $\Psi^{p_1}\Phi\Psi^{p_2}\Phi\Psi^{p_3} = I$ y, como $p_1 + p_m = 3$,

$$\Phi\Psi^{p_3}(\Psi^{p_1}\Phi\Psi^{p_2}\Phi\Psi^{p_3})\Psi^{p_1}\Phi = \Phi\Psi^{p_3})\Psi^{p_1}\Phi = I,$$

$$(\Phi\Psi^{p_3}\Psi^{p_1}\Phi)\Psi^{p_2}(\Phi\Psi^{p_3}\Psi^{p_1}\Phi) = I,$$

y pasando al segundo miembro los dos paréntesis queda $\Psi^{p_2} = I$, lo que también es una contradicción. Esto acaba la prueba del caso 3.

Por último, si $\Phi\Psi^{p_1}\Phi\Psi^{p_2}\dots\Psi^{p_m}\Phi = I$, multiplicando por Φ a ambos lados obtenemos una expresión de tipo 3. ∎

Observemos que existe un ángulo ω tal que $\cos\omega$ sea trascendente, pues la función coseno toma todos los valores comprendidos entre -1 y 1, y en el intervalo $[-1, 1]$ existen infinitos números trascendentes.

A partir de aquí podemos olvidar por completo las matrices. En lo sucesivo Φ y Ψ representarán los giros que en la base canónica de $\mathbb{R}^3$ tienen por matrices a las matrices que hasta ahora hemos llamado con estos nombres, donde ω es un ángulo fijo en las condiciones del teorema anterior. En resumen, Φ y Ψ son giros de π y $2\pi/3$ radianes, respectivamente, con la propiedad de que si los componemos cualquier número de veces sin repetir Φ dos veces seguidas y sin poner Ψ tres veces seguidas, el giro que se obtiene no es el giro identidad, al que representaremos por 1.

Llamemos G al subgrupo generado por Φ y Ψ en el grupo de todos los giros. Así, un elemento típico de G es de la forma

$$\Phi\Psi\Phi\Psi\Phi\Psi\Phi\Psi\Phi\Psi\Psi\Phi\Psi\Phi.$$

Notemos que todo elemento de G distinto de 1 admite una expresión de este tipo donde no aparece Φ dos veces seguidas ni Ψ tres veces seguidas (pues si aparecen los cancelamos). Lo que dice el teorema anterior es que en estas condiciones la expresión es única.

En efecto, supongamos que un elemento distinto de 1 admite dos expresiones distintas de la forma $\sigma_1 \cdots \sigma_n = \tau_1 \cdots \tau_m$, donde cada σ_1 y cada τ_i es Φ o Ψ, debidamente alternados.

Digamos que $m \leq n$. Si $\sigma_n = \tau_m$ podemos simplificarlos, y seguir así hasta que los giros de la derecha difieran, es decir, hasta que uno sea Φ y el otro Ψ. (No puede suceder que simplificando lleguemos hasta $\sigma_1 \cdots \sigma_r = 1$, porque esto contradiría al teorema anterior.)

Supongamos, pues, que $\sigma_1 \cdots \sigma_n = \tau_1 \cdots \tau_m$ con $\sigma_n \neq \tau_m$. Entonces tenemos que $\sigma_1 \cdots \sigma_n \tau_m^{-1} \cdots \tau_1^{-1} = 1$, y cada uno de los inversos τ_i^{-1} es Φ o $\Psi\Psi$. Puede ocurrir que en la segunda parte haya bloques $\Psi\Psi\Psi\Psi$ que se simplifiquen a Ψ, pero es seguro que σ_n no puede simplificarse con τ_m^{-1}, por lo que tenemos una composición de giros que contradice al teorema anterior. Con esto hemos probado la unicidad.

Es importante notar que G es un grupo numerable. En efecto, para cada n, el conjunto de los giros que se expresan como composición de n giros Φ o Ψ es finito, y la unión de todos estos conjuntos es todo G. Por tanto G es una unión numerable de conjuntos finitos, luego es numerable.

Vamos a definir una partición de G en tres subconjuntos G_A, G_B y G_C. Consideremos el esquema siguiente:

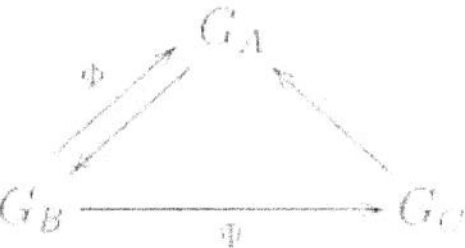

Establecemos, por definición, que $1 \in G_A$, $\Phi, \Psi \in G_B$, y cada vez que multiplicamos por Φ o por Ψ por la derecha pasamos de G_B a G_A si hemos multiplicado por Φ y a G_C si hemos multiplicado por Ψ, de G_C pasamos siempre a G_A y de G_A pasamos siempre a G_B.

Por ejemplo, se cumple que $\Psi\Phi\Psi\Psi\Phi \in G_A$. En efecto: partimos de que $\Psi \in G_B$, luego $\Psi\Phi \in G_A$, $\Psi\Phi\Psi \in G_B$, $\Psi\Phi\Psi\Psi \in G_C$, $\Psi\Phi\Psi\Psi\Phi \in G_A$.

La unicidad de la expresión de un elemento de G como producto de giros Φ y Ψ sin repeticiones cancelables hace que este proceso determine unívocamente a cuál de los tres conjuntos G_A, G_B o G_C pertenece cada elemento de G.

Es importante notar que, por ejemplo, el producto de un elemento de G_A por Φ no tiene por qué estar en G_B, pese a la definición que hemos dado, pues, por ejemplo, $\Phi\Psi\Phi \in G_A$, mientras que $\Phi\Psi\Phi\Phi = \Phi\Psi \in G_C$. El esquema sólo se aplica cuando al multiplicar no repetimos Φ dos veces o Ψ tres veces.

En definitiva tenemos bien definida la partición $G = G_A \cup G_B \cup G_C$. Si $X \subset G$ y $\sigma \in G$, definimos $X\sigma = \{\tau\sigma \mid \tau \in X\}$. El teorema siguiente es la forma algebraica más abstracta de la paradoja de Banach-Tarski:

Teorema *Se cumple que*

$$G_A\Phi = G_B \cup G_C, \qquad G_A\Psi = G_B, \qquad G_A\Psi^2 = G_C.$$

DEMOSTRACIÓN: Si un elemento de G_A termina en Ψ, al multiplicarlo por Φ está en G_B por definición. Si termina en Φ, es decir, si es de la forma $\sigma\Phi$, entonces σ no puede estar en G_A, pues entonces $\sigma\Phi$ estaría en G_B. Por lo tanto $\sigma\Phi\Phi = \sigma$ está en $G_B \cup G_C$. En cualquier caso, $G_A\Phi \subset G_B \cup G_C$.

Si $\sigma \in G_B$ no acaba en Φ, entonces $\sigma\Phi \in G_A$ por definición, y $\sigma = \sigma\Phi\Phi \in G_A\Phi$. Si, por el contrario, σ acaba en Φ, digamos $\sigma = \tau\Phi$, entonces τ no puede estar en G_B, ya que entonces $\sigma = \tau\Phi$ estaría en G_A. Tampoco puede estar en G_C por la misma razón. Por consiguiente, $\tau \in G_A$ y $\sigma = \tau\Phi \in G_A\Phi$. Así pues, $G_B \subset G_A\Phi$. El mismo argumento prueba que $G_C \subset G_A\Phi$, luego $G_A\Phi = G_B \cup G_C$.

Si un elemento de G_A acaba en Φ o en una sola Ψ, entonces al multiplicarlo por Φ está en G_B por definición. Si es de la forma $\sigma\Psi\Psi$, entonces σ no puede estar en G_A, ya que en tal caso $\sigma\Psi \in G_B$ y $\sigma\Psi\Psi \in G_C$. Tampoco puede estar en G_C, pues entonces $\sigma\Psi\Psi \in G_B$, luego $\sigma \in G_B$ y $\sigma\Psi\Psi\Psi = \sigma \in G_B$. Esto prueba que $G_A\Psi \subset G_B$.

Si un elemento $\sigma \in G_B$ acaba en Φ, entonces $\sigma\Psi\Psi \in G_A$ y $\sigma = \sigma\Psi\Psi\Psi \in G_A\Psi$. Si σ acaba en Ψ, entonces $\sigma = \tau\Psi$, y τ ha de estar en G_A o, de lo contrario, σ estaría en G_A o G_C. Por lo tanto $\sigma \in G_A\Psi$. Esto prueba que $G_A\Psi = G_B$.

La igualdad restante se prueba análogamente. ■

Llamemos S a la esfera de centro 0 y radio 1, es decir, $S = \{x \in \mathbb{R}^3 \mid \|x\| = 1\}$. Cada elemento de G distinto de 1 deja fijos exactamente a dos puntos de S. Sea D^* el conjunto de puntos de S que son fijados por algún giro de G. Como G es numerable, D^* también lo es.

Los elementos de G son isometrías, luego conservan la norma y envían puntos de S a puntos de S. Más aún, envían puntos de $S \setminus D^*$ a puntos de $S \setminus D^*$. En efecto, si $x \in S \setminus D^*$ y $\sigma \in G$, entonces $\sigma(x) \in S \setminus D^*$, o de lo contrario existiría un $\tau \in G$ tal que $\tau(\sigma(x)) = \sigma(x)$ (por definición de D^*), y así $\sigma^{-1}(\tau(\sigma(x)) = x$. Como $\sigma\tau\sigma^{-1} \in G$, tenemos que $x \in D^*$, contradicción.

Consideramos en $S \setminus D^*$ la relación de equivalencia dada por $x\,R\,y$ si y sólo si existe un giro $\sigma \in G$ tal que $\sigma(x) = y$. El hecho de que G sea un grupo hace que esta relación sea ciertamente de equivalencia.

Sea M un conjunto formado por un elemento de cada clase de equivalencia.[1] Definimos los conjuntos

$$A^* = \{\sigma(x) \mid x \in M \wedge \sigma \in G_A\},$$
$$B^* = \{\sigma(x) \mid x \in M \wedge \sigma \in G_B\},$$
$$C^* = \{\sigma(x) \mid x \in M \wedge \sigma \in G_C\}.$$

Estos tres conjuntos constituyen una partición de $S \setminus D^*$. En efecto, todo punto de $S \setminus D^*$ está relacionado con un elemento de M, es decir, se expresa en la forma $\sigma(x)$ para

[1] En este (único) punto de la prueba usamos el axioma de elección, sin el cual no puede probarse la paradoja de Banach-Tarski, ya que sin él no puede probarse la existencia de conjuntos no medibles Lebesgue.

un $x \in M$ y un $\sigma \in G$, luego está en A^*, B^* o C^* según si σ está en G_A, G_B o G_C. Por otro lado, los tres conjuntos son disjuntos, pues si, por ejemplo, existiera un punto en A^* y B^*, tendríamos $\sigma(x) = \tau(y)$, para ciertos $x, y \in M$, $\sigma \in G_A$, $\tau \in G_B$, pero entonces $x = \sigma^{-1}(\tau(y))$, luego $x\,R\,y$. Por definición de M, ha de ser $x = y$, de donde $x = (\tau\sigma^{-1})(x)$, y esto significa que $x \in D^*$ a menos que $\tau\sigma^{-1} = 1$, lo que tampoco es posible, pues es tanto como decir que $\sigma = \tau$, pero G_A y G_B son disjuntos.[2]

En definitiva, tenemos una partición $S = A^* \cup B^* \cup C^* \cup D^*$, donde el conjunto D^* es numerable. Ahora viene el hecho clave:

$$\Phi[A^*] = B^* \cup C^*, \qquad \Psi[A^*] = B^*, \qquad \Psi^2[A^*] = B^*.$$

En efecto, se cumple $x \in \Phi[A^*]$ si y sólo si $x = \Phi(y)$, con $y \in A^*$, si y sólo si $x = \Phi(\sigma(m)) = (\sigma\Phi)(m)$, para un cierto $\sigma \in G_A$ y un $m \in M$, si y sólo si $x = \tau(m)$, para un $\tau \in G_A\Phi = G_B \cup G_C$ y un $m \in M$, si y sólo si $x \in B^* \cup C^*$. Las otras dos igualdades se prueban igual.

Entendamos bien esto: Podemos transformar B^* en A^* mediante un giro, podemos trasformar C^* en A^* mediante otro giro, pero por otro lado también podemos transformar A^* en $B^* \cup C^*$ mediante un giro. Por una parte A^*, B^*, C^* son "iguales" en el sentido de que se puede pasar de uno a otro mediante los giros oportunos, es decir, se diferencian tan sólo en la posición que ocupan. Por otra parte A^* es el doble de grande que B^*, pues puede transformarse en B^* y otro trozo igual a él. Vemos que la en apariencia inocente propiedad del grupo de giros se ha materializado en una propiedad paradójica de unos conjuntos de puntos.

Llamamos $\mathbb{B} = \{x \in R^3 \mid \|x\| \leq 1\}$. Sea A la unión de todos los radios con un extremo en 0 y el otro en un punto de A^* (consideramos que los radios contienen a éste último punto, pero no al 0). Igualmente definimos B, C y D. Es obvio que $\mathbb{B} = A \cup B \cup C \cup D \cup \{0\}$ es una partición de $\mathbb{B}$, así como que

$$\Phi[A] = B \cup C, \qquad \Psi[A] = B, \qquad \Psi^2[A] = B.$$

Diremos que dos subconjuntos de $\mathbb{R}^3$ son *congruentes* si hay un movimiento que transforma uno en otro. Como los movimientos son un grupo, la congruencia es una relación de equivalencia.

En estos términos resulta que A, B y C son congruentes dos a dos, pero también es cierto que A es congruente con $B \cup C$. De este modo, A puede ser dividido en dos subconjuntos disjuntos, cada uno de los cuales es congruente con A. Como B y C son congruentes con A, lo mismo es cierto para ellos.

Notemos que $A \cup B \cup C$ constituye la mayor parte de $\mathbb{B}$. Si en lugar de duplicar $\mathbb{B}$ nos contentamos con duplicar $A \cup B \cup C$, ya hemos terminado: basta dividir cada parte en dos partes congruentes a ellas mismas, separarlas, volverlas a reordenar, y ya tenemos dos copias de $A \cup B \cup C$. Para lograrlo con las esferas completas hay que trabajar un poco más.

---

[2] Ésta es la razón por la que hemos eliminado los puntos de D^*, para obtener ahora una partición.

Teorema *Existe un giro h tal que $h[D] \subset A \cup B \cup C$.*

DEMOSTRACIÓN: Basta probar que existe un giro h tal que $h[D^*] \subset A^* \cup B^* \cup C^*$. Fijemos un eje que no pase por puntos de D^* (es decir, que pase por cualquier punto de la esfera S que no pertenezca al conjunto numerable D^* ni al conjunto numerable de sus puntos antípodas.) Para cada ángulo ω, sea h_ω el giro de ángulo ω respecto al eje elegido.

Sea $D^* = \{x_n \mid n \in \mathbb{N}\}$ una enumeración de los puntos de D^* y sea

$$G_n = \{\omega \in [0, \pi] \mid h_\omega(x_n) \in D^*\}.$$

La aplicación $G_n \longrightarrow D^*$ dada por $\omega \mapsto h_\omega(x_n)$ es inyectiva, luego el conjunto G_n es numerable, y también lo es $\bigcup_n G_n$. Basta tomar $\omega \in [0, \pi] \setminus \bigcup_n G_n$ y el giro h_ω cumple lo pedido. ■

Para visualizar el argumento que vamos a seguir, representamos de este modo la partición de $\mathbb{B}$ que hemos obtenido:

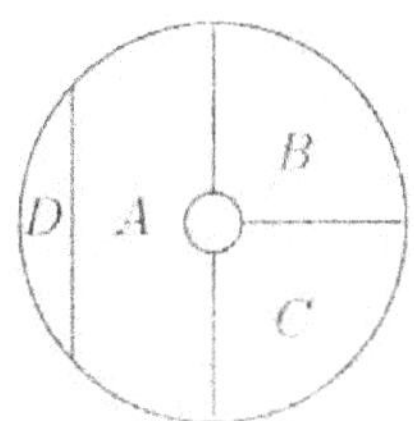

El círculo central representa el punto 0. Mediante un giro h podemos mover D hasta que quede contenido en $A \cup B \cup C$. Llamemos D_1 a la parte de D que queda contenida en A y D_2 a la que queda en $B \cup C$. Evidentemente, todo esto puede hacerse con cualquier bola de radio 1, no necesariamente la de centro 0. Tomemos dos bolas disjuntas y dividámoslas como sigue:

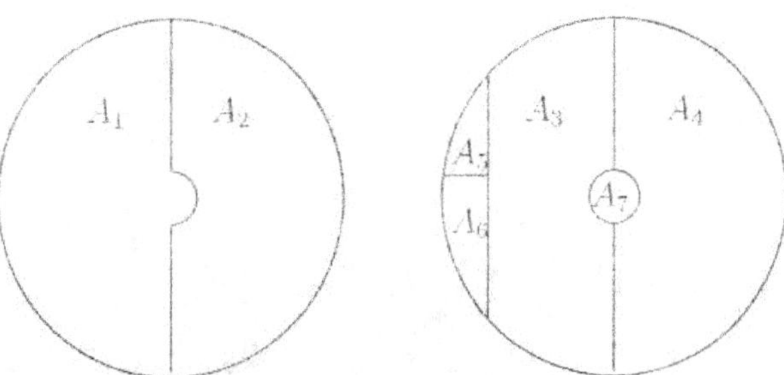

La parte A_1 está formada por las partes A, D y el centro de una bola, la parte A_2 está formada por las partes B y C de la misma bola, la parte A_3 es la parte A de la otra bola, A_4 es $B \cup C$, A_5 es D_1, A_6 es D_2 y, finalmente, A_7 es el centro de la segunda bola.

Por otra parte, dividamos B y C en dos partes disjuntas $B = B_1 \cup B_2$, $C = C_1 \cup C_2$, congruentes con todo B (y con todo C). A su vez dividimos $C_2 = C_{21} \cup C_{22}$, con todos los conjuntos congruentes entre sí.

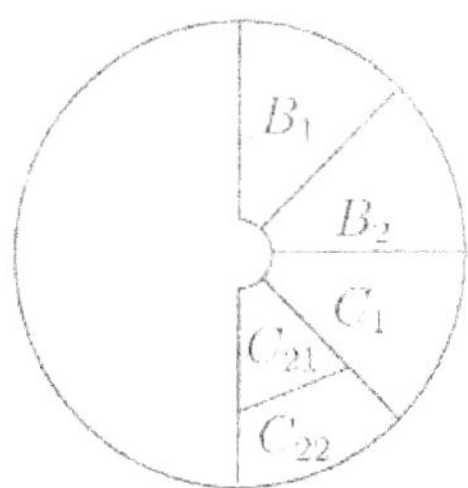

Mediante un movimiento podemos llevar A_6 dentro de $B \cup C$. Obviamente no ocupamos todo $B \cup C$ porque sólo ocupamos una cantidad numerable de puntos de la superficie. Mediante otro movimiento, llevamos A_7 dentro de $B \cup C$, a un punto que no pertenezca al conjunto donde hemos llevado a A_6. Mediante otro movimiento llevamos $B \cup C$ hasta A, de aquí a C, de aquí a C_2 y de aquí a C_{21}. En resumen, mediante un movimiento podemos llevar A_6 hasta un subconjunto de C_{21} y al punto A_7 hasta otro punto de C_{21}. Llamemos B_6 y B_7 a estas imágenes en C_{21}.

También mediante un movimiento A_5 va a parar dentro de A, de aquí a C y de C a C_{22}. Llamemos B_5 a la imagen de A_5 dentro de C_{22}.

Por otra parte, A_2, A_3 y A_4 son congruentes con todo C_{21}, B_1 y B_2, respectivamente. En conclusión, tenemos la siguiente partición de una bola en ocho trozos:

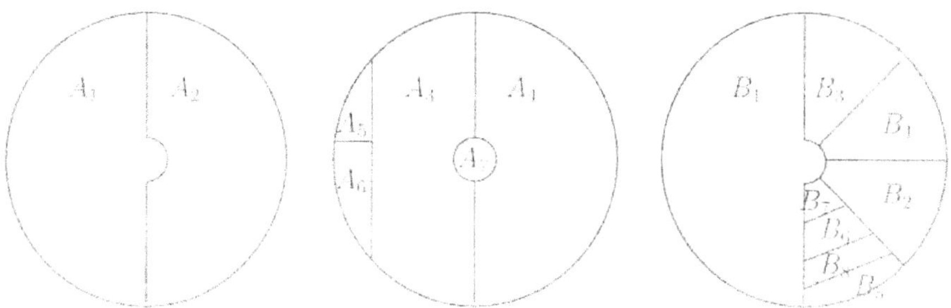

Cada parte A_i es congruente con B_i, para $i = 1, \ldots, 7$. La parte B_8, que es el complemento en C_2 de B_5, B_6 y B_7, no tiene correspondiente en ninguna de las dos bolas.

Esto es casi lo que buscamos: hemos dividido dos bolas en siete partes que, mediante movimientos, forman una sola bola menos el trozo B_8. Llamemos X a las dos bolas disjuntas e Y a la otra bola. Tenemos una aplicación inyectiva $f : X \longrightarrow Y$ que sobre cada conjunto A_i es un movimiento. La imagen de f es $Y \setminus B_8$.

Por otro lado, podemos definir una aplicación biyectiva $g : Y \longrightarrow X$ que a cada punto de Y lo traslade hasta $A_1 \cup A_2$.

El teorema de Cantor Bernstein afirma que cuando tenemos aplicaciones inyectivas de un conjunto en otro y de otro en uno, en realidad existe una aplicación biyectiva entre ellos. Vamos a ver que la demostración de este teorema nos da en nuestro caso la congruencia a trozos que buscamos, es decir, nos elimina el residuo. La demostración se basa en el teorema siguiente:

Teorema *Sea X un conjunto y $F : \mathcal{P}X \longrightarrow \mathcal{P}X$ tal que si $u \subset v \subset X$, entonces $F(u) \subset F(v)$. En estas condiciones existe un $z \in \mathcal{P}X$ tal que $F(z) = z$.* (No confundir $F(u)$ con $F[u]$, que en este contexto no tiene sentido).

Demostración: Sea $A = \{u \in \mathcal{P}X \mid F(u) \subset u\}$. Se cumple que A es un conjunto no vacío, pues obviamente $X \in A$. Llamemos $z = \bigcap\limits_{u \in A} u$. Así $z \in \mathcal{P}X$. Si $u \in A$, entonces $z \subset u$, luego $F(z) \subset F(u) \subset u$ y, por lo tanto, $F(z) \subset \bigcap\limits_{u \in A} u = z$.

Aplicando la hipótesis, $F(F(z)) \subset F(z)$, luego $F(z) \in A$, y por consiguiente $z \subset F(z)$. En total, $F(z) = z$. ■

Consideremos ahora aplicaciones inyectivas $f : X \longrightarrow Y$ y $g : Y \longrightarrow X$. Definimos la aplicación $F : \mathcal{P}X \longrightarrow \mathcal{P}X$ dada por $F(u) = X \setminus g[Y \setminus f[u]]$. Se cumple la hipótesis del teorema anterior, pues si $u \subset v \subset X$, entonces $f[u] \subset f[v]$, $Y \setminus f[v] \subset Y \setminus f[u]$, $g[Y \setminus f[v]] \subset g[Y \setminus f[u]]$, $X \setminus g[Y \setminus f[u]] \subset X \setminus g[Y \setminus f[v]]$, luego $F(u) \subset F(v)$.

En consecuencia, existe un subconjunto z de X tal que $F(z) = z$. Esto significa que $X \setminus g[Y \setminus f[z]] = z$ o, de otra forma, $X \setminus z = g[Y \setminus f[z]]$.

Así, $f|_z : z \longrightarrow f[z]$ es biyectiva y $g|_{Y \setminus f[z]} : Y \setminus f[z] \longrightarrow X \setminus z$ también. Ambas biyecciones se unen en una única biyección de X en Y.

Esto prueba el teorema de Cantor-Bernstein, pero en nuestro caso podemos afinar más. En primer lugar, $X \setminus z = g[Y \setminus f[z]] \subset g[Y] = A_1 \cup A_2$, luego $A_3 \cup A_4 \cup A_5 \cup A_6 \cup A_7 \subset z$, luego $B_3 \cup B_4 \cup B_5 \cup B_6 \cup B_7 \subset f[z]$, luego $Y \setminus f[z] \subset B_1 \cup B_2 \cup B_8$. Además $B_8 \subset Y \setminus f[z]$.

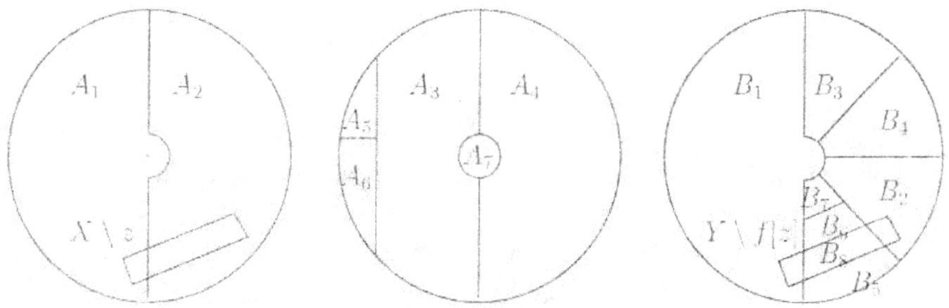

Ahora llamamos $A_8 = X \setminus Z$ y redefinimos A_1 y A_2 quitándoles su parte de A_8. Redefinimo: $B_8 = Y \setminus f[z]$ y quitamos a B_1 y B_2 su parte de $Y \setminus f[z]$.

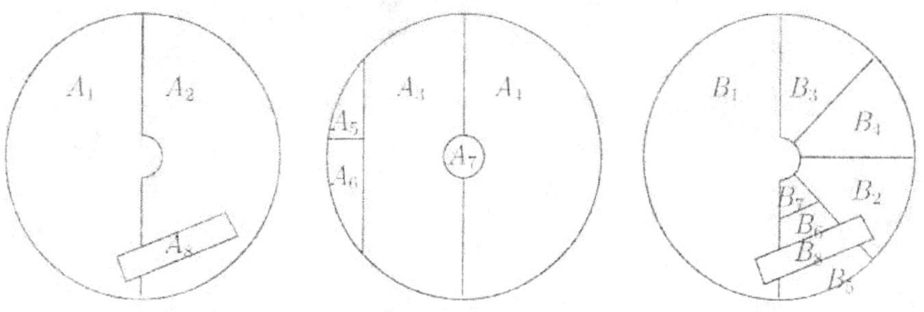

Así tenemos X e Y divididos en 8 partes y, para cada $i = 1, \ldots, 7$, se cumple que la restricción de f a A_i es un movimiento que lo lleva hasta B_i, mientras que la traslación g lleva B_8 hasta A_8. Notemos que una de las ocho partes (A_7) es un sólo punto. Esto termina la prueba de la Paradoja de Banach-Tarski.

Más en general, se dice que dos subconjuntos A y B de $\mathbb{R}^3$ son *congruentes a trozos* si pueden dividirse en un número finito de partes congruentes entre sí. Lo representaremos por $A \sim B$. Hemos probado que una bola de radio 1 es congruente a trozos con dos bolas disjuntas de radio 1. Evidentemente el radio no importa, luego podemos afirmar que una bola cualquiera es congruente a trozos con dos bolas disjuntas del mismo radio.

No es difícil probar que la congruencia a trozos es una relación de equivalencia. Lo único que no es inmediato es la transitividad. La figura siguiente esboza la demostración.

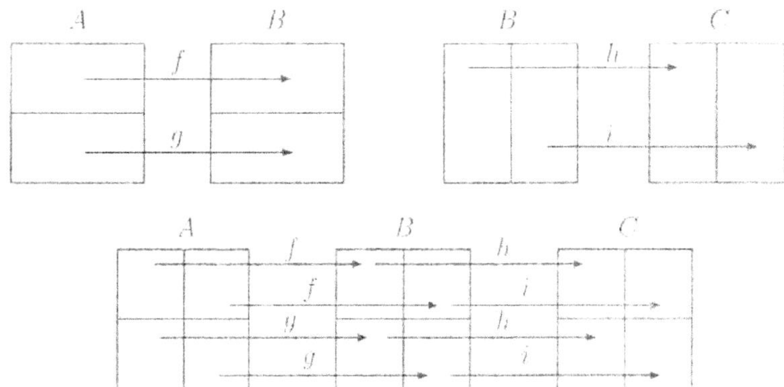

Es claro que si $A \sim B$, $A' \sim B'$ y $A \cap A' = B \cap B' = \varnothing$, entonces $A \cup A' \sim B \cup B'$.

Escribiremos $A \preceq B$ para indicar que el conjunto A es congruente a trozos con un subconjunto de B. Es fácil ver que si $A \preceq B \preceq C$, entonces $A \preceq C$. Vamos a probar que si $A \preceq B$ y $B \preceq A$, entonces $A \sim B$.

Tenemos aplicaciones inyectivas $f : A \longrightarrow B$ y $g : B \longrightarrow A$ que son movimientos a trozos, es decir, A esta dividido en un número finito de partes y la restricción de f a cada una de ellas es un movimiento. Igualmente con g. Según lo visto antes, existe un subconjunto Z de A tal que $g[B \setminus f[Z]] = A \setminus Z$. Claramente, tenemos que $Z \sim f[Z]$ y $B \setminus f[Z] \sim g[B \setminus f[Z]] = A \setminus Z$, luego

$$A = Z \cup (A \setminus Z) \sim f[Z] \cup (B \setminus f[Z]) = B.$$

Teorema *Una bola de radio r es congruente a trozos con cualquier unión finita de bolas del mismo radio, no necesariamente disjuntas.*

Demostración: Si vale para n bolas, sea B una bola, sea C una unión de n bolas y D otra bola, todas del mismo radio. Tomemos aparte dos bolas disjuntas B_1 y B_2. Entonces, por hipótesis de inducción, $C \sim B_1$ y $C \setminus D \preceq B_2$. Como son disjuntos,

$$C \cup D \preceq B_1 \cup B_2 \sim B \sim D \preceq C \cup D.$$

Consecuentemente $B \sim C \cup D$, que es una unión de $n-1$ bolas. ∎

De aquí deducimos un resultado general sobre congruencia a trozos:

Teorema *Si A y A' son subconjuntos de $\mathbb{R}^3$ acotados y de interior no vacío, entonces son congruentes a trozos.*

DEMOSTRACIÓN: A y A' contienen sendas bolas cerradas del mismo radio r, digamos B y B'. Por compacidad, A puede ser cubierto por un número finito de bolas del mismo radio. Sea C dicha unión finita. Sabemos que $B \preceq A \preceq C \sim B$, luego $A \sim B$, y análogamente $A' \sim B' \sim B \sim A$. ∎

Así pues, es posible dividir en un número finito de trozos una bola del tamaño de la Tierra, reordenar los trozos y obtener una bola del tamaño del Sol.

Referencias

[1] STROMBERG, K *The Banach-Tarski Paradox*, Amer. Math. Monthly, Vol 86, No 3, (1979) pp. 151–161.

R E S U M E N

Ospina R. Luis C. El Axioma de Elección
Maracaibo: Universidad del Zulia. Facultad Experimental de Ciencias, 1984.

Consiste en un texto riguroso, en el cual se expone con soltura los conceptos básicos pero no elementales del Sistema Axiomático de o simplemente NBG. J.V. Neumann, P. Bernays y Kurt. Gödel para la Teoría de Conjuntos.

Sin embargo el texto está orientado a dar al lector las herramientas matemáticas necesarias y suficientes para proseguir cualquier investigación en temas afines.

Tales herramientas son: Principio de Inducción Matemática, Teorema de Recursión Matemática, Teorema de Recursión Transfinita, Números Ordinales, Equivalencia entre el Axioma de Elección, el Teorema del Buen ordenamiento, los Principios Maximales y Tricotomía de los Números Ordinales, Todas estas herramientas fundamentadas rigurosamente en el Sistema Axiomático NBG.

Además se presenta a los Números Naturales desde un punto de vista diferente a los Axiomas de Peano. Los Números Naturales se construyen como Intersección de Clases Sucesores, y se demuestran como teoremas que satisfacen los Axiomas de Peano.

Por medio de Números Ordinales se introducen conceptos fundamentales como Rank y la Función de Hartog.

La Conclusión fundamental es simplemente la "Equivalencia" entre principios que no parecen tener relación como Axioma de Elección, Buen ordenamiento, Tricotomía y Principios Máximales. (Ver x).

La investigación realizada es documental y sincretica sobre la Bibliografía señalada, cuyos autores son de primer orden. (ver p. 143). Por tanto las conclusiones son de tal categoría.

TABLA DE CONTENIDO

CAPITULO I

INTRODUCCION

CAPITULO II

CLASES

CAPITULO III

FUNCIONES Y RELACIONES

CAPITULO IV

LOS NUMEROS NATURALES

CAPITULO V

CLASES INFINITAS Y FINITAS

CAPITULO VI

RELACIONES DE ORDEN

CAPITULO VIII

EL AXIOMA DE ELECCION/ PROPOSICIONES EQUIVALENTES

TABLA DE SIMBOLOS

AXIOMAS O TEOREMAS

CAPITULO I

INTRODUCCION.

1.1. FUNDAMENTOS.

George Cantor (1845-1918) es considerado el fundador de la moderna teoría de conjuntos. Un número algebraico es un número real, el cual es solución de una ecuación polinomial con coeficientes enteros. En 1874 Cantor demostró que el conjunto de los números algebraicos es del mismo "tamaño" que el conjunto de los números naturales, o sea existe una correspondencia (1-1) entre ambos conjuntos, lo cual intuitivamente no es claro. Al igual que no es obvio que el conjunto de los números algebraicos es "más pequeño" que el conjunto de los números reales. De forma semejante el conjunto de los números no algebraicos ó trascendentes es "más grande" que los algebraicos.

En 1878, Cantor formalizó el concepto de conjuntos equipotentes que lo llevó a la definición de Cardinal; o sea dos conjuntos tienen el mismo cardinal si existe una correspondencia biyectiva entre ambos.

En la teoría intuitiva de Cantor, un conjunto es cualquier cosa obtenido del conjunto vacío por aplicación iterada de operaciones "naturales". Es decir podemos construir los números racionales definiendo un conjunto de pares ordenados de números enteros y operaciones aritméticas entre tales pares ordenados. Luego los números reales son construidos como un conjunto de conjuntos de números racionales.

La iteración de las "operaciones naturales" pueden ser transfinitas, o sea arrancando de un conjunto básico X se construye el conjunto potencia P(X), luego P(P(X)); y de esta forma continuar indefinidamente, considerando que estas iteradas "transfinitas operaciones naturales" construian un "conjunto".

Parecía intuitivamente natural que el concepto de Cantor de un conjunto podía generalizarce de tal manera que cualquier colección de conjuntos es un conjunto, no sólo los construidos por iteradas operaciones naturales sino aquellas que satisfacen una propiedad dada. Pero esto lleva a la aparición de contradicciones (paradojas).

Entre las paradojas más conocidas.

i.- La paradoja de Russell; $S = \{x | x \notin x\}$

ii.- La paradoja de Burati-Forti.

iii.- La paradoja de: El conjunto de todos los números cardinales.

iv.- La paradoja de: Definición de Número Cardinal.

v.- La paradoja de: Definición de Número Ordinal

vi.- La paradoja de Cantor.

Una paradoja ó contradicción ocurre dentro de un sistema

axiomático si tanto una proposición como su negación son deducibles de los axiomas del sistema; lo cual no es nada descable de un sistema axiomático puesto que cualquier enunciado sería probable dentro del sistema.

Un Sistema Axiomático se dice consistente si no contiene contradicciones, de otra forma se dice inconsistente. Claramente la teoría intuitiva de Cantor para la teoría de conjuntos es inconsistente al contener las paradojas arriba enumeradas.

Los Matemáticos para evitar que aparezcan estas contradicciones construyen "Sistemas Axiomáticos", donde se "interpreta" la teoría de Cantor como un modelo consistente, donde ó bien las paradojas se deducen como teoremas sin ser contradicciones ó bien ni siquiera aparecen.

El primero en realizar tal axiomatización fué B. Russell en su famosa Principia Mathematica (1910-1913).

Actualmente se trabaja con dos sistemas axiomáticos. El primero desarrollado por E. Zermelo y A. Fraenkel ó la teoría de Zermelo-Fraenkel ó simplemente "ZF", el otro desarrollado por Neumann, Bernays y Godel ó simplemente "NBG"; ambos para evitar las paradojas de la teoría de Cantor enuncian explícitamente que puede se llamado un conjunto, y que no es un conjunto.

En 1908 Zermelo postulo un sistema axiomático para la teoría de conjuntos en el cual se restringe el "tamaño" de los conjuntos de la forma siguiente:

Si P(x) es un enunciado acerca de una variable x, y si Y es cualquier conjunto, entonces existe un subconjunto Z de Y el cual consiste precisamente de aquellos elementos x de Y para los cuales P(x) es verdadero, así que para que un conjunto exista debe existir un suconjunto de un conjunto dado. De esta forma se evita la paradoja de Russell ya que S no es un conjunto.

Sin embargo el Sistema Axiomático de Zermelo no es el adecuado para la inducción transfinita y la aritmética ordinal. En 1922 T. Skolem y E. Fraenkel modificaron los axiomas de Zermelo para evitar esta dificultad, por medio del "Axioma Esquema de Reemplazamiento". Esta regla enuncia que si X es un conjunto y ϕ es un predicado binario tal que para u en X, existe un solo conjunto v que satisface $\phi(u,v)$, entonces existe un conjunto Y tal que v es miembro de Y sii existe u de X que satisface $\phi(u,v)$; de esta forma se limita el tamaño de los conjuntos y se evitan los paradojas. La teoría de ZF sin embargo, con este axioma adolece de una desventaja no es "finitamente axiomatizable", el axioma esquema de reemplazamiento no es axioma sino una regla que reemplaza un número infinito de axiomas.

En la teoría NBG es esencialmente cierto que cualquier colección de elementos existen y forman una clase. Las clases se subdividen en dos tipos: conjuntos, los cuales son miembros de clases; y clases propias, las cuales no son - miembros de ninguna clase. La paradoja de Russell y las - restantes enumeradas se demuestran son clases propias en el Sistema NBG y por tanto no son paradojas.

En 1940 Godel demostró que el Sistema NBG es finitamente axiomatizable

La teoría a desarrollar aquí es la NBG + átomos; la clase de átomos corresponde a los conjuntos base de Cantor, los átomos no tienen elementos, pero son elementos. Pero NBG + átomos no es finitamente axiomatizable: con la ventaja que suministra una fundamentación de la teoría de conjuntos libre de contradicciones. El Sistema ZF esta muy - bien desarrollado en P. Suppes.

CAPITULO II

CLASES.

2.1. ATOMOS, CLASES, CONJUNTOS, LA ∈ - RELACION.

Nociones indefinidas.

1.- A, un predicado unario, el símbolo "A(x)" se lee "x es un átomo".

2.- Cl, un predicado unario; el símbolo "Cl(x) se lee "x es una clase".

3.- ∈, una relación binaria; la fórmula "x ∈ y" x es elemento de y". Además "x ∉ y" se lee "x no es elemento de y"; la fórmula x ∈ y se llama una fórmula atómica; el símbolo x_1, x_2, ..., x_n ∈ y significa que $x_1 \in y$, $x_2 \in y, \dots, x_n \in y$.

2.1.1. DEFINICION: CONJUNTOS Y CLASES PROPIAS.

a) $C(x) \equiv [Cl(x) \wedge (\exists y)(Cl(y) \wedge x \in y)]$; "C(x)" se lee "x es un conjunto".

b) $Pr(x) \equiv [Cl(x) \wedge (\forall y)(Cl(y) \rightarrow x \notin y)]$; "Pr(x)" se lee "x es una clase propia"

2.1.2. TEOREMA: $Cl(x) \rightarrow [(C(x) \vee Pr(x)) \wedge \neg(C(x) \wedge Pr(x))]$; surge de la definición 2.1.1; una clase ó es un conjunto ó una clase propia, pero no ambos.

Notación: Uso de las llaves; si u,v,w,$\in$ X $\equiv$ {u,v,w}

$x \in Y \equiv \{x | P(x)\}$

2.2. AXIOMA DE EXTENSION.

A1: $A(x) \rightarrow [\neg CL(x) \wedge (\forall y)(y \notin x)]$

Este axioma caracteriza a los átomos: no son clases y no poseen elementos.

A2: Axioma de Extensión

$(Cl(x) \wedge Cl(y)) \rightarrow [(\forall \mu)(\mu \in x \leftrightarrow \mu \in y) \rightarrow x = y]$

Este axioma enuncia que dos clases son idénticas sii tienen los mismos elementos.

2.3. SUBCLASES.

2.3.1. Usando la $\in$-relación definiremos subclase de una clase.

a) $(Cl(x) \wedge Cl(y)) \rightarrow (x \subseteq y \equiv (\forall \mu)(\mu \in x \rightarrow \mu \in y))$

b) $(CL(x) \wedge Cl(y)) \rightarrow (x \subset y \equiv (x \subseteq y \wedge x \neq y))$

"$x \subseteq y$" se lee "x es una subclase de y.

"$x \subset y$" se lee "x es una subclase propia de y"

"$x \nsubseteq y$" se lee "x no es una subclase de y"

"$x \not\subset y$" "x no es una subclase propia de y"

Presumiremos que x, y son clases siempre que escribimos "$x \subseteq y$" ó "$x \subset y$"

2.3.2. TEOREMA : $x \subset y \rightarrow x \subseteq y$; demostración, por 2.3.1(b).

2.3.3. TEOREMA : $x \subseteq x$; demostración, por 2.3.1(a)

2.3.4. Teorema: $(x \subseteq y \wedge y \subseteq z) \rightarrow x \subseteq z$.

2.3.5. Teorema: $(x \subseteq y \wedge y \subseteq x) \rightarrow x=y$.

2.4. Como Ejercicio demuestre los teoremas no demostrados arriba.

2.5. CLASES.

Los átomos están caracterizados por el axioma A1, ahora enunciaremos la regla que justifica la existencia de clases.

A3: Si P es una fórmula bien formada (f.b.f) en la cual x no es una variable libre entonces el siguiente enunciado - es un axioma.

$$(\exists x)\Big((Cl(x) \wedge (\forall \mu)(\mu \in x \leftrightarrow P)\Big).$$

El axioma A3, es un axioma esquema, una regla para producir - axiomas; como consecuencia de A2 y A3 tenemos:

2.5.1. TEOREMA:

Si P es una f.b.f. en la cual x no es una variable, entonces el siguiente enunciado es un teorema:

$$(\exists ! \ x)(Cl(x) \wedge (\forall \mu)(\mu \in x \leftrightarrow P))$$

Demostración, sean x, y satisfaciendo A3, así $\mu \in x \leftrightarrow P$ y $\mu \in y \leftrightarrow P$, por tanto $\mu \in x \leftrightarrow \mu \in y$; de aquí $x = y$ demostrando la unicidad.

El Teorema 2.5.1., es llamado un meta-teorema ó teorema esquema, o sea una regla para producir teoremas; por tan to cada una de las fórmulas siguientes son teoremas:

1. $(\exists!x)(Cl(x_1) \wedge (\forall\mu)(\mu\in x_1 \leftrightarrow \mu\neq\mu))$., o sea x_1 no tiene e lementos.

2. $(\exists!x_2)(Cl(x_2) \wedge (\forall\mu)(\mu\in x_2 \leftrightarrow \mu=\mu))$; o sea cada átomo y con junto es elemento de x_2.

3. $(\exists!x_3)Cl(x_3) \wedge (\forall\mu)(\mu\in x_3 \leftrightarrow \mu\notin\mu))$; x_3 es la clase de la Pa radoja de Russell

4. $(\exists!x_4)(Cl(x_4) \wedge (\forall\mu)(\mu\in x_4 \leftrightarrow \mu\notin y))$, o sea, para cual - quier clase y existe una clase x_4 tal que $\mu\in_4$ sii $\mu\notin y$.

5. $(\exists!x_5)(Cl(x_5) \wedge (\forall\mu)(\mu\in x_5 \leftrightarrow \mu\subseteq y))$; x_5 es la clase de todos los subconjuntos de y.

6. $(\exists!x_6)(Cl(x_6) \wedge (\forall\mu)(\mu\in x_6 \leftrightarrow (\mu\in y$ ó $\mu\in z)))$.

NOTA: x_1 es la clase vacía y se denota por ϕ, x_2 es la cla se universal y se denota por V.

2.5.2. DEFINICION:

(a) $Cl(\phi) \wedge (\mu\in\phi \leftrightarrow \mu\neq\mu)$

(b) $Cl(V) \wedge (\mu\in V \leftrightarrow \mu=\mu)$, por tanto.

$\phi\ \{\mu|\mu\neq\mu\}$, y $V=\{\mu|\mu=\mu\}$

Evidentemente de esta definición tenemos que:

2.5.3. TEOREMA:

Axioma Temporal T1.

$$[Cl(x) \wedge (\exists \mu)(C(\mu) \wedge x \subseteq \mu)] \rightarrow C(x)$$

Por tanto según T1 y 2.5.4(a) si existe un conjunto entonces ϕ la clase vacía es un conjunto.

2.8.1. TEOREMA:

Si P es una f.b.f en la cual x no es variable libre entonces el siguiente enunciado esun teorema:

$(\forall v)(\exists! x)\ [C(x) \wedge (\forall \mu)(\mu \in x \leftrightarrow (\mu \in v \wedge P))]$; este teorema enuncia que si P es un enunciado con sentido y v es un conjunto, entonces existe un único conjunto x tal que x es un subconjunto de v, y los elementos de x satisfaces P. Una clase es un conjunto si es subclase de un conjunto.

Demostración:

De 2.5.1 existe una única clase x que satisface la condición, pero $\mu \in x \rightarrow \mu \in v$ para algún conjunto v, esto implica que $x \subseteq v$, y el teorema surge de T1.

2.8.2. TEOREMA:

$(Cl(x) \wedge Cl(y)) \rightarrow$ a) $(C(x) \vee C(y)) \rightarrow C(x \cap y)$

b) $C(x) \rightarrow C(x \sim y)$

Demostración:

(a) por 2.6.7(b) $x \cap y \subseteq y$, $x \cap y \subseteq x$ por tanto x ó y son conjuntos, así lo es $X \cap Y$

(b) $x \sim y = x \cap y'$, basta aplicar la parte (a)

El siguiente axioma T.2 se deduce de A7 (Axioma de unión)

T2: $C(x) \wedge C(y) \rightarrow C(x \cup y)$; o sea la unión también es un conjunto.

2.8.3. TEOREMA:

$(\exists ! y)(Cl(y) \wedge (\forall \mu)(\mu \in y \leftrightarrow \mu \subseteq x))$; se sigue de 2.5.1(5) garantizando la existencia de la clase potencia de x, denotada por P(x) ó 2^x.

2.8.4. DEFINICION: La Clase Potencia.

$P(x) = \{\mu | \mu \subseteq x\}$; como es natural en un sistema de la teoría de conjuntos que P(x) sea un conjunto, y como esto no se deduce de los axiomas enunciados, entonces se postula el siguiente axioma.

A4: $C(x) \rightarrow C(P(x))$

2.8.5. TEOREMA:

(a) $(Pr(x) \wedge Cl(y) \wedge x \subseteq y) \rightarrow Pr(y)$

(b) $(Pr(x) \vee Pr(y)) \rightarrow Pr(x \cup y)$, demostración, ejercicio.

2.9. Resumen de los Axiomas hasta ahora postulados.

A1, A2, A3, A4.

A6 → T1.

A7 → T2.

CAPITULO III

FUNCIONES Y RELACIONES

3.1. Los axiomas postulados tratan de hacer que los conjuntos no sean "demasiado grandes", por lo tanto es de esperar que una clase con un número finito de elementos sea un conjunto; pero esto no se deduce de los axiomas postulados A1, A2, A3, A4, por lo tanto debemos postular un axioma que garantice esto. Basta garantizarlo para clases que a lo sumo tengan dos elementos.

A5. Axioma de Apareamiento (Existencia de pares no ordenados).

$$(\exists x)[(C(x) \wedge (\forall\mu)(\mu \in x \leftrightarrow (\mu = v \vee \mu = w))]$$

Se sigue de A2, el axioma de extensión, que dados v y w, el conjunto del A5 es único; o sea:

3.1.1. <u>TEOREMA</u>: $(\exists !x)(C(x) \wedge (\forall\mu)(\mu \in x \leftrightarrow \mu = v \vee = w)))$

Este único conjunto x se llama un par no ordenado y se denota por $\{\mu , w\}$.

3.1.2. <u>DEFINICION</u>: Par no ordenado.

$$\{v,w\} = \{\mu | \mu = v \vee \mu = w\}$$

3.1.3. <u>TEOREMA</u>: Evidentemente de A5, $C(\{v,w\})$.

3.1.4. <u>TEOREMA</u>: $(\exists !x)(C(x) \wedge (\forall\mu)(\mu \in x \leftrightarrow \mu = v))$.

Este único conjunto x es llamado un conjunto unitario ó singlenton y se denota por $\{v\}$

3.1.5. DEFINICION: Conjunto unitario.

$\{v\} = \{\mu | \mu = v\}$, por tanto:

3.1.6. TEOREMA: $C(\{v\})$

3.1.7. TEOREMA: $\{\mu,\mu\}=\{\mu\}$, debido a 3.1.2 y 3.1.5.

3.1.8. TEOREMA: $\{x,y\} = \{\mu,v\} \rightarrow ((x=\mu \wedge y=v) \vee (x=v \wedge y=\mu)$

Este Teorema enuncia que no importa el orden en un par no ordenado.

3.1.9. TEOREMA: $\{\mu\} = \{v\} \leftrightarrow \mu = v$

3.1.10. DEFINICION: Triples y cuadrúples no ordenados.

(a) $\{\mu,v,w\} \equiv \{\mu,v\} \cup \{w\}$

(b) $\{\mu,v,w,z\} \equiv \{\mu,v,w\} \cup \{z\}$

3.1.11. DEFINICION. Par ordenado.

$(\mu,v) = \{\{\mu\},\{\mu,v\}\}$

3.1.12. TEOREMA: $C((\mu,v))$

3.1.13. TEOREMA: $(x,y) = (\mu,v) \rightarrow (x=\mu \wedge y=v)$.

NOTA: En el par (x,y), x se llama primera coordenada, y se llama segunda coordenada.

3.1.14. <u>DEFINICION</u>: Triples y Cuatriples.

(a) $(\mu, v, w) = (\mu, (v,w))$

(b) $(\mu, v, w,x) = (\mu,(v, w,x))$

3.1.15. <u>TEOREMA</u>:

(a) $(x_1, x_2, x_3) = (y_1, y_2, y_3) \rightarrow (x_1 = y_1 \wedge x_2 = y_2 \wedge x_3 = y_3)$

(b) $(x_1, x_2, x_3, x_4) = (y_1, y_2, y_3, y_4) \rightarrow (x_1 = y_1 \wedge x_2 = y_2 \wedge x_3 = y_3 \wedge x_4 = y_4)$

3.1.16. <u>TEOREMA</u>:

$(\exists! z)(Cl(z) \wedge (\forall \mu)(\mu \in z \leftrightarrow (\exists v)(\exists w)(\mu = (v,w) \wedge \mu \in x \wedge w \in y)))$.

Este único conjunto z se denota por $x \times y$, y se llama el producto directo ó Cartesiano de x e y.

<u>NOTA</u>: Siempre que escribimos $x \times y$ para las fórmulas $\subseteq, \cup, \cap, \sim, '$, asumiremos que x e y son clases.

3.1.17. <u>DEFINICION</u>: Producto directo.

$x \times y = \{\mu \mid (\exists v)(\exists w)(\mu = (v,w) \wedge v \in x \wedge w \in y\}$

<u>NOTA</u>: Si para cada $\mu_1, \mu_2, \ldots \mu_n$ existe un único v tal que $v = F(\mu_1, \mu_2, \ldots \mu_n)$, entonces denotamos $\{v \mid (\exists \mu_1)(\exists \mu_2)\ldots(\exists \mu_n)(v = F(\mu_1, \mu_2, \ldots, \mu_n) \wedge P)\}$ por $\{F(\mu_1, \mu_2, \ldots, \mu_n) \mid P\}$.

3.1.18. <u>TEOREMA</u>: $(C(x) \wedge C(y) \rightarrow C(x \times y)$

<u>Demostración</u>:

Supongamos que $(\mu, v) \in x \times y$, entonces por 3.1.17.

$\mu \in x \wedge v \in y$. Por tanto ,$\{\mu\} \subseteq x \cup y$ y $\{\mu,v\} \subseteq x \cup y$. Ahora por 2.8.4, $\{\mu\} \in P(x \cup y)$ y $\{\mu,v\} \in P(x \cup y)$.Por tanto de 3.11. $(\mu,v) \subseteq (P(x \cup y)$. Así por 2.8.4, se sigue: $(\mu,v) \in P(P(x \cup y))$, implicando que $x \times y \subseteq P(P(x \cup y))$.

Por tanto como x, y son conjuntos los es $x \cup y$, $P(P(x \cup y))$ es un conjunto por A4 y $x \times y$ es un conjunto por T1.

3.1.19. TEOREMA: $x \times y = \phi \leftrightarrow x = \phi$ ó $y = \phi$

3.1.20. TEOREMA: $x \times y = y \times x \leftrightarrow (x = \phi$ ó $y = \phi$ ó $x = y)$

3.1.21. TEOREMA: $y \subseteq z \to (x \times y \subseteq x \times z \wedge y \times x \subseteq z \times x)$.

3.1.22. TEOREMA: $x \neq \phi \wedge (x \times y \subseteq x \times z$ ó $y \times x \subseteq z \times x)) \to y \subseteq z$

3.1.23. TEOREMA: Leyes distributivas.

(a) $x \times (y \cup z) = (x \times y) \cup (x \times z)$

(b) $(x \cup y) \times z = (x \times z) \cup (y \times z)$

(c) $(x \times (y \cap z) = (x \times y) \cap (x \times z)$

(d) $(x \cap y) \times z = (x \times z) \cap (y \times z)$

(e) $x \times (y \sim z) = (x \times y) \sim (x \times z)$

(f) $(x \sim y) \times z = (x \times z) \sim (y \times z)$

3.2. RELACIONES.

3.2.1. DEFINICION: Relación (binaria)

$Rel(R) \equiv (Cl(R) \wedge (x \in R \to (\exists \mu)(\exists v)(x=(\mu,v)))$., donde "Rel(R)" se leera "R es una relación (binaria).

3.2.2. TEOREMA: $(Rel(R) \wedge Rel(S)) \to (Rel(R \cup S) \wedge Rel(R \cap S) \wedge Rel(R \sim S))$;

3.2.3. DEFINICION: Dominio, Rango y Campo de una relación.

(a) $R(R) = \{v \mid (\exists \mu)(\mu, v) \in R\}$; "R (R)" es el rango de R"

(b) $D(R) = \{\mu \mid (\exists v)(\mu, v) \in R\}$; "D(R)" es dominio de R.

(c) $F(R) = D(R) \cup R(R)$; "F(R)" es el campo de R"

NOTA: Si R es una relación en lugar de $(\mu, v) \in R$ escribiremos $\mu R v$, algunas veces.

I es la relación identidad, donde

$$I = \{(\mu, v) \mid \mu = v\}$$

3.2.4. DEFINICION:

(a) R es reflexiva $\equiv (\forall \mu)(\mu \in F(R) \rightarrow (\mu, \mu) \in R)$

(b) R es irreflexiva $\equiv (\forall \mu)(\mu \in F(R) \rightarrow (\mu, \mu) \notin R)$

(c) R es simétrica $\equiv (\forall \mu)(\forall v)(\mu, v \in F(R) \rightarrow ((\mu, v) \in R \rightarrow (v, \mu) \in R))$

(d) R es asimétrica $\equiv (\forall \mu)(\forall v)(\mu, v \in F(R) \rightarrow ((\mu, v) \in R \rightarrow (v, \mu) \notin R))$

(e) R es antisimétrica $\equiv (\forall \mu)(\forall v)(\mu, v \in F(R) \rightarrow ((\mu, v), (v, \mu) \in R \rightarrow \mu = v))$

(f) R es transitiva $\equiv (\forall \mu)(\forall v)(\forall w)(\mu, v, w \in F(R) \rightarrow ((\mu, v), (v, w) \in R \rightarrow (\mu, w) \in R))$

(g) R es intransitiva $\equiv (\forall \mu)(\forall v)(\forall w)(\mu, v, w \in F(R) \rightarrow ((\mu, v), (v, w) \in R \rightarrow (\mu, w) \notin R))$

(h) R es de equivalencia $\equiv$ R es reflexiva, simétrica y transitiva, si R es una relación tal que $X = F(R)$, se dice que R es una relación sobre X.

3.2.5. <u>TEOREMA</u>: $Rel(R) \wedge (R$ es reflexiva ó simétrica$)) \to D(R) = R(R)$.

<u>DEMOSTRACION</u>:

Si R es reflexiva y $\mu \in D(R)$ entonces $(\mu,\mu) \in R$, así $\mu \in R(R)$, de forma similar si $\mu \in R(R)$ entonces $(\mu,\mu) \in R$, así $\mu \in D(R)$.

Supongamos ahora que R es simétrica. Si $\mu \in D(R)$ entonces existe $v \in R(R)$ tal que $(\mu,v) \in R$. Pero como R es simétrica, $(\mu,v) \in R$ implica $(v,\mu) \in R$, así que $\mu \in R(R)$. Por tanto $D(R) \subseteq R(R)$. Análogamente se demuestra que $R(R) \subseteq D(R)$.

3.2.6. <u>TEOREMA</u>: $(Rel(R) \wedge R$ es simétrica $\wedge$ transitiva$) \to R$ es reflexiva.

<u>Demostración</u>:

Supongamos $\mu \in D(R)$. Entonces existe $v \in R(R)$ tal que $(\mu,v) \in R$. Como R es simétrica esto implica que $(v,\mu) \in R$, Como R es transitiva:

$$(\mu,v),\ (v,\mu) \in R \to (\mu,\mu) \in R.$$

3.2.7. <u>DEFINICION</u>: Clases Disjuntas.

(a) $(Cl(X) \wedge Cl(Y)) \to (Dis(X,Y) \equiv X \cap Y = \phi)$

(b) $(Cl(X) \wedge (\mu \in X \to C(\mu))) \to (Pr\ Dis(X) \equiv (\forall\mu)(\forall v)$ $(\mu,v \in X \to Dis(\mu,v))$, donde "$Dis(X,Y)$" se lee"

3.2.20. <u>TEOREMA</u>: $R|(X \cup Y) = (R|X) \cup (R|Y)$

3.2.21. <u>TEOREMA</u>: $R|(X \cap Y) = (R|X) \cap (R|Y)$

3.2.22. <u>TEOREMA</u>: $R|(X \sim Y) = (R|X) \sim (R|Y)$

3.2.23. <u>TEOREMA</u>: $(R \circ S)|X = R \circ (S|X)$

3.2.24. <u>DEFINICION</u>: Imagen de una clase X bajo la relación R.

$$R''X = \{v | (\exists \mu)(\mu \in X \wedge (\mu, v) \in R\}$$

3.2.25. <u>TEOREMA</u>: $R''X = R(R|X)$

Demostración: $v \in R''X \leftrightarrow (\exists \mu)(\mu \in X \wedge (\mu, v) \in R)$
$\leftrightarrow (\exists \mu)((\mu, v) \in R|X)$
$\leftrightarrow v \in R(R|X)$

3.2.26. <u>TEOREMA</u>: $R''(X \cup Y) = R''X \cup R''Y$

3.2.27. <u>TEOREMA</u>: $R''(X \cap Y) \subseteq R''X \cap R''Y$.

3.2.28. <u>TEOREMA</u>: $R''X \sim R''Y \subseteq R''(X \sim Y)$.

3.3. <u>FUNCIONES</u>.

3.3.1. <u>DEFINICION DE FUNCION</u>.

$Fn(F) \equiv (Rel(F) \wedge ((\mu, v), (\mu, w) \in F \rightarrow v = w))$, donde "$Fn(F)$" se lee "F es una función". En lugar de escribir $\mu F v$ escribiremos $v = F(\mu)$ ó $v = F\mu$

3.3.2. <u>TEOREMA</u>.

(a) $(Fn(F) \wedge G \subseteq F) \rightarrow Fn(G)$

(b) $Fn(F) \rightarrow Fn(F|X)$

(c) $(Fn(F) \wedge Fn(G)) \rightarrow [Fn(F \circ G) \wedge (F \circ G)(\mu) = F(G(\mu))]$

(d) $Fn(I)$.

Demostración:

(a) Sea F una función y $G \subseteq F$, supongamos $(\mu,v),(\mu,w) \in G$. entonces, puesto que $G \subseteq F$, $(\mu,v),(\mu,w) \in F$, y como F es una función, $v = w$. Por tanto G es una función.

(b) Como $F|X \subseteq F$ entonces $F|X$ es función por (a)

(c) Sean F y G funciones, y $(\mu,v),(\mu,w) \in F \circ G$. Entonces existen x e y tales que $(\mu,x) \in G$ y $(x,y) \in F$, $(\mu,y) \in G$ y $(y,w) \in F$. Como G es una función, $x=y$. Y puesto que $x = y$ y F es una función, $v = w$. Por tanto $F \circ G$ es una función.

Ahora sea:

$$v = (F \circ G)(\mu) \leftrightarrow (\mu,v) \in F \circ G \leftrightarrow (\exists w)((\mu,w) \in G \wedge (w,v) \in F)$$
$$\leftrightarrow (\exists w)(w = G(\mu) \wedge (w,v) \in F) \leftrightarrow (G(\mu),v) \in F$$
$$\leftrightarrow v = F(G(\mu)).$$

(d) Supongamos $(\mu,v),(\mu,w) \in I$ entonces $\mu = v$ y $\mu = w$ por tanto $v = w$ y I es función.

3.3.3. DEFINICION: 1-1 Función.

$$1\text{-}1\ Fn(F) \equiv (Fn(F) \wedge Fn\ (F^{-1}))$$

O sea una 1-1 función, es una función cuyo inverso también es una función. Una función sobre un conjunto finito es una permutación.

3.3.4. TEOREMA:

(a) $1\text{-}1\ Fn(F) \leftrightarrow 1\text{-}1\ Fn(F^{-1})$

(b) $1\text{-}1\ Fn(F) \rightarrow (F(x) = y \leftrightarrow F^{-1}(y) = x)$

(c) $(1\text{-}1\ Fn(F) \wedge G \subseteq F) \to 1\text{-}1\ Fn\ (G)$

(d) $1\text{-}1\ Fn(F) \to 1\text{-}1\ Fn\ (F|X)$

(e) $1\text{-}1\ Fn(F) \wedge 1\text{-}1\ Fn(G) \to 1\text{-}1\ Fn\ (F\circ G)$

(f) $1\text{-}1\ Fn(F) \leftrightarrow (F\circ F^{-1} \subseteq I \wedge F^{-1}_{\circ} F \subseteq I)$

(g) $1\text{-}1\ Fn\ (I)$

3.3.5. DEFINICION: Notación de funciones

(a) $(F{:}X \to Y) \equiv (Fn(F) \wedge D(F)= X \wedge R(F)\subseteq Y)$, F es una función de X en Y.

(b) $F{:}\ X \xrightarrow{sobre} Y) \equiv (Fn(F) \wedge D(F) = X \wedge R(F) = Y)$; F es una función de X sobre Y..

(c) $(F{:}\ X \xrightarrow{1\text{-}1} Y) \equiv (1\text{-}1\ Fn\ (F) \wedge D(F)= X \wedge R(F) \subseteq Y)$; F es una función de X en Y.

(d) $(F{:}\ X \xrightarrow[1\text{-}1]{sobre} Y) \equiv (1\text{-}1\ Fn(F) \wedge D(F)=X \wedge R(F)=Y)$; F es una función bi. ó biyectiva.

Si $F{:}\ X \to X$ es una función decimos que F es una función sobre X..

3.3.6. TEOREMA:

$((F{:}X \to Y)\wedge(G{:}Y \to X) \wedge (G\circ F =I|X)) \to ((F{:}X\xrightarrow{1\text{-}1} Y)\wedge(G{:}\ Y \xrightarrow{sobre} X))$.

Veamos que F es 1-1. Supongamos $(\mu,w),(v,w) \in F$. Como $G\circ X =I|X$, existe s y t tal que $(\mu,s) \in F$ y $(s,\mu)\in G$, y además $(v,t)\in F$ y $(t,v) \in G$. Puesto que $(\mu,w),(\mu,s)\in F$ y F es una función, $w=s$. Y como $(v,w),(v,t)\in F$, $w=t$. Por tanto $s=t$. Tenemos (s,μ), $(t,v) \in G$, $s=t$, y G es una función, por tanto $\mu=v$ implicando que F es 1-1.

Veamos ahora que G envía a X sobre Y, sea $\mu \in X$. Entonces, como $G \circ F = I|X$, existe $v \in Y$ tal que $(\mu, v) \in F$ y $(v, \mu) \in G$, por tanto $G: Y \xrightarrow{\text{sobre}} X$

3.3.7. TEOREMA:

(a) $Fn(R^{-1}) \leftrightarrow (\forall X)(\forall Y)(R''(X \cap Y) = (R''X \cap R''Y))$

(b) $Fn(R^{-1}) \leftrightarrow (\forall x)(\forall Y)(R''(X \sim Y) = R''X \sim R''Y))$

Ahora se verifica la igualdad, ver 3.2.27 y 3.2.28.

A6: AXIOMA DE REEMPLAZO

$(Fn(F) \wedge C(D(F))) \rightarrow C(R(F))$

3.3.8. TEOREMA:

$[Cl(X) \wedge (\exists \mu)(C(\mu) \wedge X \subseteq \mu)] \rightarrow C(X)$., es decir veremos que A6 $\rightarrow$ T1.

Demostración:

Supongamos $X \subseteq \mu$, por 3.3.2(d), la relación I es una función y por 3.3.2.(b), $I|X$ es una función. Como $X \subseteq \mu$, $(I|X)''\mu = X$. Por tanto si μ es un conjunto aplicando A6 tenemos que X es un conjunto.

3.4. EQUIPOTENCIA.

3.4.1. DEFINICION: $X \approx Y \equiv (\exists F)(F: X \xrightarrow[1-1]{\text{sobre}} Y)$. Se lee X equipotente a Y.

Puesto que el dominio y rango de una función son clases, si $X \approx Y$ entonces tanto X como Y son clases.

3.4.2. TEOREMA:

(a) $Cl(X) \rightarrow X \approx X$

(b) $X \approx Y \rightarrow Y \approx X$

(c) $(X \approx Y \wedge Y \approx Z) \rightarrow X \approx Z$

De esta forma se demuestra que "$\approx$" es una relación de equivalencia.

3.4.3. DOMINANCIA.

(a) $X \lesssim Y \equiv (\exists F)(F:X \xrightarrow{1-1} Y)$

(b) $X < Y \equiv (X \lesssim Y \wedge X \not\approx Y)$

"$X \lesssim Y$" se lee "X esta dominado por Y", $X \lesssim Y$" se lee "X esta estrictamente dominado por Y"

3.4.4. TEOREMA: Basta aplicar 3.4.3 (a,b).

(a) $CL(X) \rightarrow X \lesssim X$

(b) $(X \lesssim Y \wedge Y \lesssim Z) \rightarrow X \lesssim Z$

(c) $X \nless X$

(d) $X \subsetneq Y \rightarrow X \lesssim Y$

(e) $X \lesssim Y \leftrightarrow (X < Y \vee X \approx Y)$

(f) $X \lesssim Y \leftrightarrow (\exists Z)(Z \subsetneq Y \wedge X \approx Z)$

3.4.5. TEOREMA: Basta aplicar 3.4.1; 3.4.6 y A6.

(a) $(C(X) \wedge X \approx Y \rightarrow C(Y)$

(b) $(C(X) \wedge Y \lesssim X \rightarrow C(Y)$.

(c) $(Pr(X) \wedge X \approx Y) \rightarrow Pr(Y)$

(d) $(Pr(X) \wedge X \lesssim Y) \rightarrow Pr(Y)$

3.4.6. TEOREMA: $C(x) \rightarrow x < P(x)$

Demostración:

$x < P(x)$ claramente puesto que podemos definir F 1-1

de la siguiente forma, si $\mu \in x$, $F(\mu) = \{\mu\}$; donde $F: x \xrightarrow{1-1} P(x)$. Supongamos $X \approx P(x)$. Sea G una función 1-1 de x sobre P(x). Para cada $\mu \in x$, $G(\mu) \in P(x)$, así $G(\mu) \subseteq x$. Sea y el siguiente conjunto $y=\{\mu | \mu \in x \wedge \mu \notin G(\mu)\}$, claramente $y \subseteq x$ así $y \in P(x)$. Por tanto debe haber un $v \in x$ tal que $G(v) = y$. Ahora bien si $v \in y$ entonces por definición de y, $v \notin G(v)=y$. Por otra parte, si $v \notin y$ entonces $v \notin G(v)$. Pero por definición de y, $v \in y$. Tenemos $v \in y$ sii $v \notin y$, lo cual es una contradicción, por tanto $x \not\approx P(x)$ y $x < P(x)$

3.5. <u>OPERACIONES INFINITAS</u>.

Si F es una operación de X en Y, entonces para cada $\mu \in X$, $F\mu$ es el único v tal que $(\mu, v) \in F$. De hecho, $R(F)=\{F\mu | \mu \in X\}$. La clase X que es el dominio de F se llama una clase de indices.

3.5.1. <u>DEFINICION</u>: Unión e Intersección de clases de conjuntos.

Sea $(Fn(F) \wedge X \subseteq D(F)) \rightarrow$

(a) $\bigcup_{\mu \in X} F\mu = \{x | (\exists \mu)(\mu \in X \wedge x \in F\mu)\}$

(b) $\bigcap_{\mu \in X} F\mu = \{x | (\forall \mu)(\mu \in X \rightarrow x \in F\mu)\}$

O sea la unión es la clase de todos los elementos que pertenecen al menos a uno de los $F\mu$. Mientras la intersección es la clase de todos los elementos que pertenecen a todos los $F\mu$

3.5.2. DEFINICION: Unión e Intersección cuando F=I, para clase de conjuntos.

(a) $\cup X = \bigcup_{\mu \in X} I\mu$

(b) $\cap X = \bigcap_{\mu \in X} I\mu$

3.5.3. TEOREMA

(a) $\cup X = \{x | (\exists \mu)(\mu \in X \wedge x \in \mu)\}$

(b) $\cap X = \{x | (\forall \mu)(\mu \in X \rightarrow x \in \mu)\}$,

Demostración: Basta utilizar 3.5.1, 3.5.2.

3.5.4. DEFINICION: Unión e Intersección de clases

Si $(Rel(R) \wedge X \subseteq D(R))$ entonces

(a) $\bigcup_{\mu \in X} R''\{\mu\} = \{x | (\exists \mu)(\mu \in X \wedge x \in R''\{\mu\})\}$

(b) $\bigcap_{\mu \in X} R''\{\mu\} = \{x | (\forall \mu)(\mu \in X \rightarrow x \in \mathbb{R}''\{\mu\})\}$

Claramente la Definición 3.5.1 es caso especial de 3.5.4., y una generalización de 2.6.

3.5.5. TEOREMA $C(\mu) \wedge C(v) \rightarrow$

(a) $\cup \{\mu, v\} = \mu \cup v$

(b) $\cap \{\mu, v\} = \mu \cap v$

Ejemplo si X = conjunto de enteros positivos, y para $\mu \in X$ definimos $F\mu = \{\mu, \mu + 1, \ldots\}$, entonces si $\mu \leq v$, $F\mu \cup Fv = F\mu$; $F\mu \cap Fv = Fv$, $\bigcup_{\mu \in X} F\mu = X$; $\bigcap_{\mu \in X} F\mu = \phi$

A7. $C(X) \rightarrow C(\bigcup X)$; la unión de cualquier conjunto es un conjunto Claramente A7 $\rightarrow$ T2.

3.5.6. TEOREMA: $(Fn(F) \wedge X \subseteq D(F) \wedge C(X)) \rightarrow C(\bigcup_{\mu \in X} F\mu)$

Demostración: evidente por A7.

3.5.7. TEOREMA $\bigcap \phi = V$.

Demostración: Evidentemente $\bigcap \phi \subseteq V$, puesto que toda cla clase es subclase de V. Supongamos $\mu \in V$. Puesto que ϕ no tiene elementos $v \in \phi$ es falso para todo v. En consecuencia, $v \in \phi \rightarrow \mu \in v$ es cierto para todo v. Por tanto, $\mu \in \bigcap \phi$ y $V \subseteq \bigcap \phi$.

3.5.8. TEOREMA: $Fn(F) \rightarrow \bigcap_{\mu \in \phi} F\mu = V$; aplicando 3.5.7

3.5.9. TEOREMA: $X \neq \phi \rightarrow (C(\bigcap X) \vee \bigcap X = \phi)$

Demostración: Como $X \neq 0$ existe $w \in X$. Por 3.5.2.(b) tenemos que $\mu \in \bigcap X \leftrightarrow (\forall v)(v \in X \rightarrow \mu \in v)$. Pero como $w \in X$, por tanto $\mu \in \bigcap X$ implica que $\mu \in w$. Si w es un conjunto, entonces $\bigcap X \subseteq w$. Por 3.3.8, $\bigcap X$ es un conjunto. Pero si todos los elementos de X son átomos entonces $\bigcap X = \phi$

3.5.10. TEOREMA:

$$[Rel(R) \wedge X \subseteq D(F) \wedge (\exists\mu)(\mu \in X \wedge C(R''\{\mu\})] \rightarrow C(\bigcap_{\mu \in X} R''\{\mu\})$$

Este es una generalización de 3.5.9, y enuncia que si al menos una de las clases $R''\{\mu\}$ es un conjunto entonces la intersección de todas ellas es un conjunto.

$(P(P(P(X \cup (\cup X))))$ es un conjunto, y por 3.3.8 XX es un conjunto.

3.5.22. TEOREMA:

$(C(X) \wedge C(Y)) \rightarrow C(X^Y)$; es un corolario de 3.5.21.

3.5.23. TEOREMA:

$(C(x) \wedge y = \{\mu, v\} \wedge \mu \neq v) \rightarrow y^x \approx P(x)$

Demostración:

Sea $g \in y^x$, entonces $D(g) = x$ y para todo $w \in x$ se verifiqua que $g(w) = \mu$ ó $g(w)=v$. Definamos la función $\psi(g) = \{w \mid w \in x \wedge g(w) = \mu\}$, donde $D(\psi) = y^x$ y $R(\psi) \subseteq P(x)$. Veamos que ψ es (1-1) y sobre.

Supongamos $\psi(g) = \psi(h)$ entonces $g(w)=\mu \leftrightarrow h(w) = \mu$; pero también tenemos que $g(w)= v \leftrightarrow h(w)= \mu$. Por tanto g=h y ψ es (1-1).

Sea ahora $z \in P(x)$. Definamos una función g de la siguiente forma:

$$g(w)= \begin{cases} \mu, & \text{si } w \in z \\ v, & \text{si } w \in x \sim z \end{cases}$$

Entonces $g \in y^x$, y por la definición de ψ; $\psi(g) = z$. Así ψ es sobre, y por tanto $y^x \approx P(x)$

3.6. EL AXIOMA DE ELECCION Y REGULARIDAD.

El axioma de elección es de carácter no constructivo, es decir que asevera la existencia de ciertas clases pero no dá una regla para construirlos. En 1939 K.Godel demostró la consistencia relativa con los axiomas A_1, $A_2, \ldots, A_7$. O sea si suponemos que los axiomas $A_1, \ldots, A_7$ son consistentes entonces el sistema $[A_1, A_2, \ldots, A_7]$ + Axioma de elección, es consistente. En 1963 Cohen demostró que el Axioma de elección (A.E) es independiente de los otros axiomas. O sea si queremos utilizar el A.E. debemos postularlo porque no es deducible de los otros axiomas. El Axioma de elección tiene un gran número de equivalencias en álgebra, topología, analisis (ver Hermann Rubin y Jean Rubin), y se puede expresar de muy sutiles formas.

A8. <u>EL AXIOMA DE ELECCION</u> (Versión de B. Russell).

$[Cl(X) \wedge X \neq \phi \wedge (\forall\mu)(\mu \in X \rightarrow (C(\mu) \wedge \mu \neq \phi)) \wedge Pr\,Dis(X)] \rightarrow$
$(\exists C)\ [C \subseteq \cup X \wedge (\forall\mu)(\mu \in X \rightarrow (\exists v)(v \in \mu \wedge C \cap \mu = \{v\}))]$., en palabras.

Si X es una clase no vacía de conjuntos no vacíos disjuntos por pares, entonces existe una clase C que consiste de uno y sólo un elemento de cada conjunto en la clase X. "<u>C es una clase de elección</u>". Observese que si C no es una clase de singuletes entonces C no es única.

<u>Enunciados equivalentes al axioma de Elección</u>. (<u>Versiones Fuertes</u>)

AE1. VERSIONES DE E. ZERMELLO.

$[Cl(X) \wedge X \neq \phi \wedge (\forall\mu)(\mu \in X \rightarrow (C(\mu) \wedge \mu \neq \phi))] \rightarrow$
$[(\exists F)(Fn(F) \wedge D(F) = X \wedge (\forall\mu)(\mu \in X \rightarrow F(\mu) \in \mu)]$, en palabras,

Si X es una clase no vacía de conjuntos no vacíos, entonces existe una función F de dominio X tal que para todo $\mu \in X$, $F(\mu) \in \mu$.

La función F que satisface AE1 es una "función de elección"

AE2. 1ª VERSION DE P. BERNAYS.

$$[Rel(R) \wedge (\forall \mu)(\mu \in D(R) \rightarrow C(R''\{\mu\}))] \rightarrow (\exists G)(Fn(G) \wedge D(G) = R(F) \wedge G \subseteq F^{-1})$$

AE3. 2ª VERSION DE P. BERNAYS.

$$[Fn(F) \wedge (\forall \mu)(\mu \in R(F) \rightarrow C(F^{-1''}\{\mu\}))] \rightarrow (\exists G)(Fn(G) \wedge D(G) = R(F) \wedge G \subseteq F^{-1})$$

demostremos que $(A_1 \wedge A_2 \wedge A_3 \wedge A_4 \wedge A_5 \wedge A_5 \wedge A_7) \rightarrow (A_8 \leftrightarrow A_n)$ para $n = 1, 2, 3$.

3.6.1. TEOREMA: $A8 \leftrightarrow AE1$

Demostración:

$AE1 \rightarrow A8$; supongamos X satisface los hipotesis de A8. Entonces por AE1 existe una función F tal que $D(F) = X$ y para cada $\mu \in X$, $F(\mu) \in \mu$. Por tanto el el rango de F es la clase de elección requerida. $A8 \rightarrow AE1$. Sea X satisfaciendo las hipotesis de AE1. Definamos $Y = \{\{\mu\} \times \mu \mid \mu \in X\}$, por tanto Y es una clase no vacía de conjuntos disjuntos por pares, así por A8 existe una clase de elección F, la cual consiste de uno y solo un elemento de cada conjunto en Y. Por tanto F es la función de elección sobre X requerida.

3.6.2. TEOREMA : $A8 \leftrightarrow AE2$.

Demostración:

A8 $\rightarrow$ AE2. Supongamos R es una relación que satisface los hipótesis de AE2, sea $X = \{\{\mu\} \times R''\{\mu\} | \mu \in D(R)\}$. Entonces X satisface la hipótesis de A8, y la clase de elección de X es la función requerida. AE2 $\rightarrow$ A8, sea X satisfaciendo - las hipótesis de A8. Definamos una relación R sobre X como: $\mu R v \leftrightarrow (\mu \in X \wedge v \in \mu)$. Así R es una relación y $R''\{\mu\} = \mu$ es un conjunto. Por lo tanto R satisface las hipótesis de AE2 así que existe una función F tal que $D(F) = D(R) = X$ y $F \subseteq R$. Claramente, R(F) es una clase de elección para X.

3.6.3. TEOREMA: AE2 $\leftrightarrow$ AE3

Demostración:

AE2 $\rightarrow$ AE3. Sea F una función que satisface las hipótesis de AE3.

Entonces existe F^{-1} como una relación que satisface hipó tesis AE2. Por tanto, existe una función G tal que $D(G) = D(F^{-1}) = R(F)$ y $G \subseteq F^{-1}$. Ahora si F es 1-1, entonces $G = F^{-1}$.

AE3 $\rightarrow$ AE2. Sea R una relación que satisface las hipóte - sis de AE2.

Definamos la función H así: $H = \{((\mu, v), \mu) | \mu R v\}$. H es una función y para cada $\mu \in R(H)$ tenemos $H^{-1}{}''\{\mu\} = \{(\mu, v) | \mu R v\}$. Por tanto como $R''\{\mu\}$ es un conjunto, también lo es $H^{-1}{}''\{\mu\}$. Por tanto H satisface las hipótesis de AE3. En consecuen - cia existe una función G tal que $D(G) = R(H)$ y $G \subseteq H^{-1}$.

Ahora bien, para cada $\mu \in D(G)$, $G(\mu)$ es un par ordenado (μ,v). Definamos una función F tal que para cada $\mu \in D(G) = D(R)$, $F(\mu)$ es la segunda coordenada del par ordenado $G(\mu)$. Como G es la función, F también es función. Y por definición H y G tenemos que $D(F) = D(R)$ y $F \subseteq R$.

<u>Versiones "débiles" del Axioma de Elección ó Reemplazo de clases por conjuntos.</u>

a8: $[C(x) \wedge x \neq \phi \wedge (\forall\mu)(\mu \in x \rightarrow (C(\mu) \wedge \mu \neq \phi)) \wedge Pr\ Dis(x)] \rightarrow$

$(\exists c)[c \subseteq \bigcup x \wedge (\forall\mu)(\mu \in x \rightarrow (\exists v)(v \in \mu \wedge c \cap u = \{v\}))]$

ae1: $[C(x) \wedge x \neq \phi \wedge (\forall\mu)(\mu \in x \rightarrow (C(\mu) \wedge \mu \neq \phi] \rightarrow$

$(\exists f)[Fn\ (f) \wedge D(f) = x \wedge (\forall\mu)(\mu \in x \rightarrow f(\mu) \in \mu)]$

ae2: $Rel(r) \rightarrow (\exists f)(Fn(f) \wedge D(f) = D(r) \wedge f \subseteq r)$

ae3: $Fn(f) \rightarrow (\exists g)(Fn(g) \wedge D(g) = R(f) \wedge g \subseteq f^{-1})$

El siguiente es otra forma de enunciarel axioma de elección con conjuntos, lo cual es imposible hacerlo usando clases.

ae4: $[C(x) \wedge x \neq \phi \wedge (\forall\mu)(\mu \in x \rightarrow (C(\mu) \wedge \mu \neq \phi))] \rightarrow X x \neq \phi$

Lo cual significa que el producto de un conjunto no vacío de conjuntos no vacios es no vacío. (Sin embargo el producto directo de una clase propia de conjuntos es siempre vacío.

3.6.4. <u>TEOREMA</u>:

(a) $A8 \rightarrow a8$

(b) $AE1 \rightarrow ae1$

(c) AE2 $\rightarrow$ ae2

(3) AE3 $\rightarrow$ ae3; demostración: es claro que los enunciados en formas de clases implican a los enunciados en forma de conjuntos. También esta claro que: $(A_1 \wedge A_2 \wedge A_3 \wedge A_4 \wedge A_5 \wedge A_6 \wedge A_7) \rightarrow$ (a8 $\leftrightarrow$ aem) para m = 1,2,3, por tanto tenemos:

3.6.5. TEOREMA:

(a) a8 $\leftrightarrow$ ae1

(b) a8 $\leftrightarrow$ ae2

(c) ae2 $\leftrightarrow$ ae3

3.6.6. TEOREMA:

ae4 $\leftrightarrow$ ae1.

Demostración:

ae4 $\rightarrow$ ae1, sea X que satisface las hipótesis de ae1. Entonces por ae4, $Xx \neq \phi$. Así existe una $f \in Xx$ y, por 3.5.15, f es una función de elección sobre X.

ae1 $\rightarrow$ ae4. Si f es una función de elección sobre un conjunto no vacío de conjuntos no vacíos, entonces por 3.5.15, $f \in Xx$ y por tanto $Xx \neq \phi$

A9 AXIOMA DE REGULARIDAD. (Versión de J. Von Neumann y P Bernays)

$(Cl(X) \wedge X \neq \phi \wedge (\forall\mu)(\mu \in X \rightarrow C(\mu)) \rightarrow (\exists\mu)(\mu \in X \wedge \mu \cap X = \phi)$; el cual enuncia: cada clase no vacía de conjuntos tiene un elemento disjunto con ella. No es una axioma construc tivo, no dá una regla para seleccionar a μ.

3.6.7. TEOREMA: $x \notin x$.

Demostración:

Si x es un átomo es evidente que $x \notin x$. Si x es un conjunto y $x \in x$, sea $X = \{x\}$, entonces para todo $\mu \in X$, $\mu \cap X \neq \phi$ porque x es un único elemento de X y $x \cap X = x$, contradiciendo A9.

3.6.8. TEOREMA: $x \notin y$ ó $y \notin x$.

Demostración:

Evidente si x e y son átomos. Supongamos x e y son conjuntos tales que $x \in y$ e $y \in x$. Sea $X = \{x,y\}$, entonces $x \cap X = y$, $y \cap X = x$ contradiciendo A9.

3.6.9. TEOREMA: Pr(V)

Demostración:

Como V es una clase, V es una clase propia ó un conjunto.

Si V es un conjunto. Entonces por la definición de V, $V \in V$ contradiciendo a 3.6.7, por tanto Pr(V).

Luego veremos que V es una clase propia sin necesidad de A.9 (Ver 4.5)

CAPITULO IV

LOS NUMEROS NATURALES.

4.1. LOS NUMEROS NATURALES.

Es natural definir el número natural 0 (cero) como la clase vacía ϕ, o sea:

4.1.1. DEFINICION:

$C(x) \rightarrow (x^+ = x \cup \{x\})$; "x^+" es "el sucesor de x"; ahora podemos definir:

$$0 \equiv \phi \ ,$$
$$1 \equiv 0^+ ,$$
$$2 \equiv 1^+ ,$$
$$\vdots \quad \vdots$$

por tanto,

$$0 = \phi$$
$$1 = \{0\}$$
$$2 = \{0,1\},$$
$$3 = \{0,1,2\},\ldots$$
$$\vdots$$

4.1.2. TEOREMA: $C(x) \rightarrow$ (a) $\mu \in x^+ \leftrightarrow (\mu \in x$ ó $\mu = x)$

(b) $x \in x^+$

(c) $x \subseteq x^+$

NOTA: Hasta ahora no sabemos si ϕ es ó no un conjunto. Aún si ϕ es un conjunto no hay garantía formal de que la clase de los números naturales si existe es un conjunto. Para garantizar necesitamos de un axioma.

4.1.6. DEFINICION: La clase de los números naturales: "ω"

$\omega = \bigcap \{x | x$ es un conjunto sucesor$\}$; o sea: la clase de los números naturales ω es la más pequeña clase sucesor, es decir la intersección de todos los conjuntos sucesores.

4.1.7. TEOREMA: $C(\omega) \wedge \omega$ es una clase sucesor.

Demostración:

Por 4.15 ω es un conjunto sucesor, y por A10 ω es un conjunto.

4.1.8. TEOREMA:

(a) $0 \in \omega$

(b) $n \in \omega \rightarrow n^+ \in \omega$

(c) $n \in \omega \rightarrow n^+ \neq 0$

(d) $[x \subseteq \omega \wedge 0 \in \omega \wedge (\forall n)(n \in x \rightarrow n^+ \in x)] \rightarrow x = \omega$ (Principio de inducción Matemática.)

(e) $(n, m \in \omega \wedge n^+ = m^+) \rightarrow n = m$

Demostración:

(a) y (b) obvias, porque ω es una clase sucesor.

(c). Como $n \in n^+$, por 4.1.2(b), por tanto $n^+ \neq 0$.

(d) Por hipótesis x es un conjunto sucesor. Como ω es la intersección de todos los conjuntos sucesores, $\omega \subseteq x$, pero por hipótesis $x \subseteq \omega$, por tanto $x = \omega$.

(e) Es necesario utilizar el axioma de regularidad, (lo cual es evitable, ver 4.1.15).

Supongamos $m^+ = n^+$ y $n \neq m$. Como $n \in n^+$ y $n^+ = m^+$

entonces $n \in m^+$. Pero como $n \neq m$, $n \in m$. Por simetría obtenemos $m \in n$. Pero $n \in m$ y $m \in n$ contradiciendo 3.6.8.

4.1.9. <u>TEOREMA</u>: $n \neq 0 \to 0 \in n$

Demostración:

Sea x un conjunto definido así:

$x = \{n \mid n \in \omega \wedge 0 \in n\} \cup \{0\}$

Veamos que x es un conjunto sucesor. Primero $0 \in x$ por construcción.

Supongamos que $n \in x$. Si $n = 0$ entonces $n^+ = \{0\}$, así que $0 \in n^+$. Si $n \neq 0$ entonces $0 \in n$ puesto que $n \in x$. Pero $n \subseteq x^+$. Por tanto, $0 \in n$ implica que $0 \in n^+$. De aquí $n^+ \in x$. (Como se ve la demostración es por inducción).

4.1.10. <u>TEOREMA</u>: $n \neq 0 \to (\exists m)(m^+ = n)$

O sea todo número natural excepto el 0 tiene un predecesor inmediato. Por 4.1.8(e) este inmediato predecesor es único.

4.1.11. <u>DEFINICION</u>. <u>Clase transitiva</u>.

$Cl(X) \to (X$ es transitiva $\equiv (\forall \mu)(\mu \in X \to \mu \subseteq X))$; utilizaremos la palabra transitiva porque la definición puede escribirse ó enunciarse como: $(v \in \mu \wedge \mu \in X) \to (v \in X)$; donde "$\in$" aparece <u>como si fuese</u> una relación transitiva.

4.1.12. <u>TEOREMA</u>: $n \in \omega \to n$ es transitivo.

La demostración es por inducción. Sea x un conjunto

de elementos transitivos en ω. Puesto que 0 no tiene elementos, $0 \in x$. Supongamos que $n \in x$. Demostraremos que $n^+ \in x$. Sea $\mu \in n^+$ entonces $\mu \in n$ ó $\mu = n$. Como $n \subseteq n^+$ se sigue que $\mu = n$ implicando $\mu \subseteq n^+$. Como $n \in x$ se sigue que $\mu \in n$ implicando que $\mu \subseteq n \subseteq n^+$. De aquí en cualquier caso $\mu \subseteq n^+$ así que $n^+ \in x$; en consecuencia $x = \omega$.

4.1.13. TEOREMA: ω es transitiva

Demostración:

Por inducción. Sea $x = \{n | n \in \omega \wedge n \subseteq \omega\}$. Vemos que $0 \in x$, puesto que $0 \subseteq \omega$ y $0 \in \omega$. Supongamos que $n \in x$. Entonces $n \in \omega$ y $n \subseteq \omega$. Como $n \in \omega$, $n^+ \in \omega$. Sea $\mu \in n^+$, entonces $\mu \in n$ ó $\mu = n$. Como $\mu \subseteq \omega$ se sigue que $\mu \in n$ implica $\mu \in \omega$ y como $n \in \omega$ se sigue que $\mu = n$ implica que $\mu \in \omega$. En consecuencia, $n^+ \in x$ así que $x = \omega$, por tanto ω es transitivo.

NOTA: Debido a la transitividad de ω todo elemento de un un número natural es un número natural.

4.1.14. TEOREMA: $n \notin n$

Demostración:

Por inducción. Sea $x = \{n | n \in \omega \wedge n \notin n\}$. Tenemos que $0 \notin 0$ por que 0 no tiene elementos. Por tanto $0 \in x$. Supongamos que $n \in x$ y $n^+ \in n^+$. Entonces $n^+ \in n$ ó $n^+ = n$. Si $n^+ \in n$ entonces $n^+ \subseteq n$ muy obviamente puesto que n es transitivo. Pero $n \in n^+$, lo cual implica que $n \in n$ siendo una contradicción. Si $n^+ = n$ entonces puesto que $n \in n^+$ te nemos otra vez la contradicción $n \in n$. De aquí $n^+ \in x$.

4.1.15. TEOREMA: $n \notin m$ ó $m \notin n$.

Demostración:

Supongamos $n \in m$ y $m \in n$. Por transitividad, esto implica que $n \subseteq m$ y $m \subseteq n$. En consecuencia $n = m$. Por tanto $n \in n$, contradiciendo 4.1.14.

4.1.16. TEOREMA: $n \in m \rightarrow (n^+ \in m$ ó $n^+ = m)$

Demostración:

Por inducción. Sea $x = \{m \mid (\forall n)[n \in m \rightarrow (n^+ \in m$ ó $n^+ = m)]\}$ Primero $0 \in x$ porque 0 no tiene elementos. Supongamos que $m \in x$ y $n \in m^+$. Entonces $n \in m$ ó $n = m$. Si $n \in m$, como $m \in x$, entonces $n^+ \in m$ ó $n^+ = m$. En cualquier caso $n^+ \in m^+$. Si $n = m$ entonces $n^+ = m^+$. En consecuencia $m^+ \in x$, así que $x = \omega$.

4.1.17. TEOREMA: Tricotomía de los números naturales.

$n \in m$ ó $n = m$ ó $m \in n$.

Demostración:

Por inducción. Sea $x = \{n \mid (\forall m)(n \in m$ ó $n = m$ ó $m \in n)\}$ De 4.1.9 $0 \in x$. Supongamos que $n \in x$. Si $n \in m$ entonces por 4.1.16. o bien $n^+ \in m$ ó $n^+ = m$. Si $n = m$ entonces $n^+ = m^+$, así que $m \in n^+$. Finalmente, si $m \in n$ entonces $m \in n^+$ puesto que $n \subseteq n^+$. Así $n^+ \in x$. En consecuencia $x = \omega$.

NOTA: Los resultados de los Teoremas 4.1.9, 4.1.12, 4.1.14 4.1.17 no se parecen a las propiedades conocidas de los números naturales. Pero si la $\in$-relación de los números naturales se consibe como la desigualdad estricta "<" entonces 4.1.9 enuncia que 0 es el más pequeño número natural. 4.1.2 enuncia que "<" es una relación transitiva. 4.1.14 enuncia que $n \not< n$ 4.1.15 enuncia que: si $n < m$ entonces $m \not< n$. 4.1.16 enuncia que: si $n < m$ entonces $n^+ \leq m (n^+ = n + 1)$, 4.1.17 enuncia que ó bien $n < m$ ó $n = m$ ó $m < n$.

4.2. INDUCCION MATEMATICA.

4.2.1. DEFINICION: $x \subseteq \omega \rightarrow$

(a) (n es el más pequeño ó primer elemento de x)$\equiv [n \in x \wedge (\forall m)(m \in x \rightarrow (n \in m$ ó $n = m))]$

(b) (n es el más grande ó último elemento de x)$\equiv [n \in x \wedge (\forall m)(m \in x \rightarrow (m \in n$ ó $m = n))]$

NOTA: El primer ó último elemento si existe es único (demuestrelo)

4.2.2. TEOREMA: $(x \subseteq \omega \wedge x \neq \phi) \rightarrow (\exists n)$(n es el primer elemento de x); enuncia que todo conjunto no vacío de números naturales tiene un primer elemento.

Demostración:

Supongamos el teorema es falso. Sea x un conjunto no vacío de números naturales tal que x no tiene primer elemento. Sea y el conjunto de todos los números que proceden a todos elemento de x. O sea:

$y = \{n | n \in \omega \wedge (\forall m)(m \in x \rightarrow n \in m)\}$.

Demostremos que $y = \omega$. Primero, $0 \in y$ por 4.19, además suponemos que x no tiene primer elemento. Supongamos que $n \in y$. Entonces $n \in m$ para todo $m \in x$. Así por 4.1.16. o bien $n^+ \in m$ ó $n^+ = m$. Si $n^+ \in m$, para todo $m \in x$, entonces $n^+ \in y$. Supongamos $n^+ = m$, para algún $m \in x$. En este caso n^+ sería el primer elemento de x, contradiciendo nuestra presunción inicial. De aquí, $n^+ \in y$, y por inducción matemática, $y = \omega$. Pero esto implica que $x = \phi$. Contradiciendo nuestra hipótesis, por tanto x debe poseer un primer elemento.

4.2.3. TEOREMA: $(x \subseteq \omega \wedge (\forall n)(n \subseteq x \rightarrow n \in x)) \rightarrow x = \omega$

Demostración:

Por contradicción: sea x un conjunto que satisface la hipótesis, y supongamos que $x \subset \omega$. Sea $z = \omega \sim x$. Entonces z es un subconjunto no vacío de ω así que por 4.2.2, z tiene un primer elemento n. Supongamos $m \in n$. Entonces como ω es transitivo $m \in \omega$ y como n es el primer elemento de z, $m \in x$. En consecuencia, $n \subseteq x$. Por tanto, por hipótesis, $n \in x$, lo cual contradice la definición de n. Por tanto $x = \omega$.

NOTA: Cuando se utiliza la inducción matemática es necesario demostrar que un número esta en un conjunto si sus inmediatos predecesores estan en el conjunto. El Teorema 4.2.3. tiene hipotesis más fuerte que la hipótesis de inducción matemática y es por tanto un teorema más debil.

4.3. EL TEOREMA DE RECURSION.

La inducción matemática se utiliza como método de demostración tanto como método de definición, generalmente de funciones, en el segundo caso

4.3.1. TEOREMA Teorema de Recursión I.

$(Fn(F) \wedge D(F)= V \wedge \mu \in V) \rightarrow (\exists! f)(Fn(f) \wedge (a) \wedge (b) \wedge (c))$;

donde (a) $D(f)= \omega$, (b) $f(o)= \mu$ (c) $(\forall n)\ (f(n^+) = F(f(n))$

Demostración:

Probemos primero la unicidad de f. Supongamos f y g son funciones que satisfacen (a), (b), (c). Sea $x =\{n| n \in \omega \wedge f(n) = g(n))\}$. De (b) tenemos que $o \in x$.

Supongamos que $n \in x$. Entonces $f(n^+)) = F(f(n))$, por (c).

$= F(g(n))$, puesto que $n \in x$

$= g(n^+)$, por (c)

Por tanto, $n^+ \in x$. Así por inducción matemática $x = \omega$, implicando que f=g. Para construir la función f que satisface (a), (b), (c) construiremos la clase de todas las funciones cada una con un número natural en su dominio, y cada una satisfaciendo (a), (b), (c) sobre su dominio. La clase de todas las funciones es equipotente a ω y por lo tanto es un conjunto. Además cada par de funciones de la clase tiene la propiedad que una es subconjunto de la otra. Entonces f será definida como la unión de esta clase de funciones, y se demuestran que f satisface (a), (b), (c).

Definamos a H, así:

$$H=\{h|Fn(h)\wedge(\exists n)[n\in\omega\wedge n\neq 0\wedge D(h)=n\wedge h(o)=\mu\wedge$$
$$(\forall m)(m^+\in n\rightarrow h(m^+)=F(h(m))]\}$$

O sea $h\in H$, si h es una función, el dominio de h es un número natural diferente de 0 y h satisface (b),(c) sobre su dominio.

EJEMPLO:

Si $D(h)=1$ entonces $h=\{(0,\mu)\}$

Si $D(h)=2$ entonces $h=\{(0,\mu),(1,F(\mu))\},\ldots$

Probemos primero:

(1) $(\forall n)(n\in\omega\wedge n\neq 0)\rightarrow(\exists! h)(h\in H\wedge D(h)=n))$

La demostración de que h es única es similar a la demostración de unicidad para f. Demostremos que h existe, por inducción matemática.

Sea $y=\{n|n\in\omega\wedge(\exists h)(h\in H\wedge D(h)=n)\}\cup\{o\}$.

Primero $0\in y$, por construcción. Supongamos que $n\in y$. Si $n=0$ entonces sea $h=\{(0,\mu)\}$. Entonces $h\in H$ así que $n^+\in y$.

Si $n\neq 0$ entonces existe un m tal que $m^+=n$ y existe $g\in H$ tal que $D(g)=n$. Sea $h=g\cup\{(n,F(g(m))\}$

O sea $h|n=g$ y $h(n)=F(g(m))$. Es facil ver que $h\in H$ y $D(h)=n^+$, por tanto $n^+\in y$; y por inducción matemática se verifica (1).

Supongamos h_1, $h_2\in H$, $D(h_1)=m$ y que $D(h_2)=n$. Si $m=n$ entonces se sigue de (1) que $h_1=h_2$. Supongamos $m\in n$. Entonces es facil ver que $h_2|m\in H$, y como $D(h_2|m)=m$ se sigue de (1) que

$h_2|m = h_1$. Por tanto $h_1 \subseteq h_2$. Hemos (2) demostrado que $h_1, h_2 \in H \rightarrow (h_1 \subseteq h_2$ ó $h_2 \subseteq h_1)$. Definamos: $f = \cup H$.

Por tanto de (1), existe una función 1-1 de H en ω; y como 'ω' es un conjunto, por 3.4.5(b) H es un conjunto. Por A7, f es un conjunto. También como H es un conjunto de funciones, f es una relación.

Veamos que f es una función. Supongamos $(n,\mu),(n,v) \in f$. Entonces existen funciones h_1, $h_2 \in H$ tales que $(n,\mu) \in h_1$ y $(n,v) \in h_2$ Por (2), o bien $h_1 \subseteq h_2$ o $h_2 \subseteq h_1$. En consecuencia ambos pares (n,μ) y (n,v) son elementos de una de las funciones, h_1 ó h_2. Así $\mu = v$ y f es una función. En facil - demostrar que f satisface (a), (b), (c).

Nota: En el teorema de recursión I, el dominio de F no necesita ser V. La función F se define donde se necesita. O sea $f(n) \in D(F)$ para todo $n \in \omega$.

4.3.2. TEOREMA: Teorema de Recursión II.

$(Fn(G) \wedge D(G)=V) \rightarrow (\exists! g)(Fn(g) \wedge (a) \wedge (b))$., donde

(a) $D(g) = \omega$ (b) $(\forall n)(g(n)=G(g|n))$

4.3.3. TEOREMA: Teorema de Recursión III

$(Fn(H) \wedge D(H)=V) \rightarrow (\exists! h)(Fn(h) \wedge (a) \wedge (b)$; donde

(a) $D(h)= \omega$ (b) $(\forall n)(h(n) = H(h''n))$

NOTA: Tanto en el 4.3.2 como en 4.3.3 no es necesario que el dominio de las funciones G, y H sea V. Sólo se requiere que $g|n \in D(G)$ para todo $n \in \omega$; y que $h''n \in D(H)$ para todo $n \in \omega$.

Demostración:

4.3.2.$\rightarrow$ 4.3.3., porque $h''n = R(h|n)$. Así tenemos que

$$G(x) = \begin{cases} H(R(x)), & \text{si } Fn(x) \\ 0, & \text{en otro caso,} \end{cases}$$

entonces 4.3.2, existe una única función h tal que $D(h) = \omega$ y $h(n) = G(h|n) = H(h''n)$

Demostración:

4.3.1 $\rightarrow$ 4.3.2. Supongamos que G satisface las hipótesis de 4.3.2, construyamos una función seleccionando F y μ apropiadamente tal que para cada $n \in \omega$, $f(n) = g|n$. Por 4.3.1 existe una única función f tal que:

$$D(f) = \omega, \text{ y } f(o) = o, \text{ y } (\forall n)(f(n^+) = f(n) \cup \{(n, G(f(n)))\})$$

Por inducción matemática tenemos que: $\begin{cases} (\forall n)(Fn(f(n))) \\ (\forall n)(D(f(n)) = n) \\ (\forall n)(\forall m)(m \in n \rightarrow f(m) \subseteq f(n)) \end{cases}$

Definamos: $g = \bigcup_{n \in \omega} f(n)$;

g es una función puesto que $D(g) = \omega$ y para cada $n \in \omega$ tenemos que $g(n) = G(g|n)$. La función g es única por 4.2.2.

<u>NOTA</u>: Se ha demostrado que 4.3.1 $\rightarrow$ 4.3.2 $\rightarrow$ 4.3.3, ahora demostremos que 4.3.3 $\rightarrow$ 4.3.1, por tanto los tres teoremas de

recursión son equivalentes.

Demostración:

Sea F y μ satisfaciendo las hipótesis de 4.3.1. Construyamos la función H tal que $f|n = h''n$. Definamos H así:

$$H(x) = \begin{cases} (0,\mu), & \text{si } x = 0 \\ (n^{+}, F(x(n))), & \text{si } Fn(x) \text{ y } D(x)=n^{+} \\ 0, & \text{en otro caso.} \end{cases}$$

Entonces por 4.3.3 existe una única función h tal que $D(h) = \omega$ y $(\forall n)(h(n) = H(h''n))$. Por inducción matemática tenemos que para cada $n \in \omega$, $Fn(H''n)$ y $D(h''n) = n$. Definamos $f = \bigcup_{n\in\omega} h''n$, esta función es única. Por tanto $4.3.3 \rightarrow 4.3.1$.

<u>NOTA</u>: En 4.3.1 el valor de la función en cada número n^{+} se determina por el valor en n. Mientras que 4.3.2 y 4.3.3 el valor de la función en cada número natural n se determina por el valor de todos los predecesores de n.

4.3.4. <u>TEOREMA</u>:

Utilizando el Teorema de Recursión I definamos una función f. Sea x cualquier elemento. Definamos entonces:

$f(o) = x$ y, $f(n^{+}) = \bigcup f(n)$, entonces definamos el <u>ancestral</u> de x, "N(x) como $N(x) = \bigcup_{n\in\omega} f(n)$. Entonces

(a) $C(N(x))$

(b) $Cl(x) \rightarrow x \subsetneq N(x)$

(c) $(\forall\mu)(\forall v)\left[(\mu\in N(x) \wedge v \in \mu) \rightarrow v \in N(x))\right]$

(d) $(\forall Y)$ $\left[Cl(Y) \wedge x \subseteq Y \wedge (\forall\mu)(\forall v)((\mu \in Y \wedge v \in \mu) \rightarrow v\in Y)\right] \rightarrow$

$N(x) \subseteq Y$

(e) $A(x) \rightarrow N(x) = \phi$

O sea si x es un conjunto N(x) es el conjunto más peque ño que contiene a x como subconjunto. N(x) no es necesa riamente transitivo.

4.4. ADICION Y MULTIPLICACION DE NUMEROS NATURALES.

4.4.1. Definición:

Adición, se hace utilizando el Teorema de Recursión I'

(a) $(\forall m)(Sm(o) = m)$

(b) $(\forall m)(\forall n)$ $\left[Sm(n^+)=(Sm(n))^+\right]$, del primer teorema de recursión tenemos que para cada $m \in \omega$ existe una única fun ción Sm que satisface (a), (b).

4.4.2. DEFINICION: $m+n = Sm(n)$

4.4.3. TEOREMA:

La definición 4.4.1 se puede reescribir, según 4.4.2, así:

(a) $(\forall m)(m + o = m)$

(b) $(\forall m)(\forall n)(m + n^+ = (m + n)^+)$

4.4.4. TEOREMA:

$m^+ = m + 1$

Demostración:

$m + 1 = m + 0^+$; por $1 = 0^+$

$= (m + 0)^+$; por 4.4.3.b

$= m^+$; por 4.4.3.a

4.4.5. TEOREMA:

Asociatividad de la adición

$(m + n) + p = m + (n + p)$

Demostración por inducción sobre p.

$(m + n) + 0 = m + n$; por 4.4.3.a

$m + (n + 0) = m + n$; por 4.4.3.a; por tanto la asociatividad se mantiene para $p = 0$.

Supongamos: H: $(m + n) + p = m + (n + p)$

entonces $(m+n) + p^+ = ((m+n)+p)^+$ por 4.4.3.b

$= (m + (n + p))^+$ por H

$= m + (n+p)^+$ por 4.4.3.b

$= m + (n + p^+)$ por 4.4.3.b

Por tanto al aplicar inducción matemática se verifica la asociatividad.

4.4.6. TEOREMA: $0 + n = n$, demostración: por inducción

4.4.7. TEOREMA: $m^+ + n = (m + n)^+$;

Demostración: por inducción n.

$m^+ + 0 = m^+$

$(m + 0)^+ = m^+$; por tanto es cierto para $n=0$

Supongamos: H: $m^{+} + n = (m+n)^{+}$

Entonces $m^{+} + n^{+} = (m^{+} + n)^{+}$

$= (m + n)^{++}$

$= (m + n^{+})^{+}$; por inducción tenemos 4.4.7.

4.4.8. CONMUTATIVIDAD DE LA ADICION.

$m + n = m + m$

Demostración: por inducción sobre m.

si $m = 0$ evidentemente se cumple.

Supongamos: H: $m + n = n + m$

Entonces: $m^{+} + n = (m + n)^{+}$

$= (n + m)^{+}$

$= n + m^{+}$; por inducción tenemos 4.4.8.

4.4.9. DEFINICION: Multiplicación de Números Naturales.

(a) $(\forall m)(Pm(o) = o)$

(b) $(\forall m)(\forall n)(Pm(n^{+}) = Pm(n) + m)$

El teorema de recursión I implica que para cada $n \in \omega$, Pm existe y es única.

4.4.10. DEFINICION: $(m.n) = Pm(n)$

Utilizando esta notación se puede reescribir 4.4.9 así:

4.4.11. TEOREMA: (a) $(\forall m)(m.0 = 0)$
(b) $(\forall m)(\forall n)(m.n^{+} = m.n + m)$

4.4.12. TEOREMA:

Distributividad de la multiplicación.

(a) $m.\ (n+p) = m.n + m.p$

(b) $(n+p).\ m = n.m + p.m.$

(a) Demostración: por inducción sobre p.

Si p=0 entonces $m(n+0) = m.n$, por 4.4.3.a, y

$mn+m0 = mn + 0$, por 4.4.11.a

$= m.n$, por 4.4.3.a; por tanto el teorema es cierto para p = 0.

Supongamos: H: $m(n+p) = m.n + mp$, entonces

$m(n+p^+) = m(n+p)^+$; por 4.4.3.b.

$= m(n+p) + m$, por 5.4.11.b

$= (m.n + mp) + n$, por H.

$= m.n + (mp + m)$, por 4.4.5.

$= m.n + mp^+$, 4.4.11.b.

(b) Demostración similar.

4.4.13. TEOREMA:

Asociatividad de la Multiplicación

$(m.n).p = m.(n.p)$

Demostración: por inducción sobre p. Si p=0, de 4.4.11.a tenemos que $(m.n).p = m(n.p) = 0$

Supongamos: H: $(m.n).p = m(np)$ entonces:

$(mn)p^+ = (mn)p + m.n$, por 4.4.11.b

$= m(np) + mn$, por H.

$= m(np + n)$, por 4.4.12.

$= m(n.p^+)$, por 4.4.11.b.

por tanto por inducción se tiene el teorema.

4.4.14. TEOREMA $0 . n = 0$.

4.4.15. TEOREMA: $n. 1 = 1.n = n$

4.4.16. TEOREMA: Conmutatividad de la Multiplicación.

$m.n = n. m.$

Demostración: Por inducción.

4.4.17. DEFINICION: Exponenciacion de Números Naturales.

(a) $(\forall m)(E_m(o) = 1)$

(b) $(\forall m)(\forall n)(m \neq 0 \to E_m(n^+) = E_m(n).m)$

(c) $(\forall n)(n \neq 0 \to E_o(n) = 0)$

Por el primer teorema de recursión existe una única E, para cada $m \in \omega$ que satisface (a), (b), (c).

4.4.18. DEFINICION: $m^n = E_m(n)$

NOTA: Observe que m^n se define como 1 cuando $m = 0$ y $n = 0$, lo cual no coincide con las definiciones usuales en analisis, pero si es una definición conforme con la exponenciación de clases: $\phi^\phi = \{\phi\}$. Pero en general la exponenciación de números naturales es diferente a la de clases. (Ver 3.5.17.

4.4.19. DEFINICION: Desigualdades.

(a) $m < n \equiv m \in n$

(b) $m > n \equiv n < m$

(c) $m \leq n \equiv m < n$ ó $m = n$

(d) $m \geq n \equiv n \leq m$

4.4.20. TEOREMA:

(a) $p < q \to (m + p < m + q)$; Monotonia de la adición.

(b) $(m+p = m+q) \to p = q$; cancelación de la adición.

(a) Demostración, por inducción sobre m. Si $m = 0$ el teorema es cierto por 4.4.6.

Supongamos que: $p < q \to m + p < m + q$

$\to (m+p)^+ < (m+q)^+$

$\to m^+ + p < m^+ + q$; y por inducción matemática se sigue el teorema.

(b) Supongamos $m + p = m+q$. Por 4.1.17, ó bien $p < q$ y $p = q$ ó $q < p$. Supongamos $p < q$. Entonces por (a), $m + p < m + q$, contradiciendo la hipotesis. En forma similar, si $q < p$ entonces $m + q < m + p$, contradiciendo - la hipótesis. En forma similar, si $q < p$ entonces $m + q < m + p$, contradiciendo la hipótesis. De aqui $p=q$.

4.4.21 . TEOREMA: $m \leq n \to (\exists ! p)(m+p = n)$

Demostración;

Supongamos $m + p = n$ y $m+q = n$ entonces $m+p = m + q$, y por 4.4.20.b tenemos que $p = q$, lo cual demuestra la unicidad de p. La existencia se demuestra por inducción sobre m. Si $m = 0$ tomemos $p = n$. Ahora supongamos que existe p tal que $m + p = n$. Si $p = 0$ entonces $m=n$, así que $m^+ \not\leq n$. Si $p \neq 0$ entonces existe q tal que $q^+ = p$ (por 4.1.10); además $m + q^+ = (m + q)^+ = m^+ + q$ por tanto $m^+ + q = n$. Y por inducción tenemos el teorema.

4.4.22. DEFINICION: Substracción de Números Naturales

$$m \leq n \rightarrow (n - m = p \leftrightarrow m + p = n)$$

Por 4.4.21 si $m \leq n$ entonces existe un único p tal que $m + p = n$. Y por tanto la unicidad de la substracción está bien definida.

4.5. EL TEOREMA DE SCHRÖDER- BERNSTEIN (S B)

Este teorema es una conjetura de Cantor, demostrada independientemente por E. Schoeder y F. Bernstein.

4.5.1. TEOREMA DE SCHRÖDER BERNSTEIN

$$(X \leq Y \wedge Y \leq X) \rightarrow X \approx Y$$

Demostración:

Supongamos $X \leq Y$. Entonces existe una subclase Y_1 de Y tal que $X \approx Y_1$

Y si $Y \leq X$, entonces existe una subclase X_2 de X_1 tal que

$$Y \approx X_1$$

Puesto que $Y_1 \subset Y$ y $Y \approx X$, existe una subclase X_2 de X_1 tal que $Y_1 \approx X_2$

Así tenemos: (1) $X_2 \subseteq X_1 \subseteq X$

(2) $X \approx X_2$

Para concluir la demostración basta demostrar que $X \approx X_1$

De (2) tenemos que existe una función F(1-1) de X sobre X_2

$$F : X \xrightarrow[\text{sobre}]{1-1} X_2$$

Se sigue por el teorema de recursión I que para cada μ existe una única función G_μ tal que: (3) $D(G_\mu) = \omega$

(4) $G_\mu(o) = \mu$

(5) $G_\mu(n^+) = F(G_\mu(n))$

Sea $F^{(n)}_{(\mu)} = G_\mu(n)$

Entonces $F^{(o)}_{(\mu)} = \mu$; $F^{(1)}_{(\mu)} = F(\mu), \ldots,$ en general $F^{(n^+)}_{(\mu)} = F(F^{(n)}_{(\mu)})$

Definamos una función H en X de la siguiente forma; para cada $\mu \in X$.

$$H(\mu) = \begin{cases} F(\mu), & \text{si } (\exists n)(\exists v)(v \in X \sim X_1 \wedge \mu = F^{(n)}_{(v)} \\ \mu, & \text{en otro caso.} \end{cases}$$

Veamos que H es una función (1-1) de X sobre X_1 De la definición de H, se deduce que H es una función y $D(H) = X$. Supongamos $H(\mu) = H(v)$.

(a) Si $H(\mu) = \mu$ y $H(v) = v$ entonces es obvio que $\mu = v$.

(b) Si $H(\mu) = F(\mu)$ y $H(v) = F(v)$ entonces $F(\mu) = F(v)$. Pero como F es (1-1) tenemos que $\mu = v$.

(c) Si $H(\mu) = F(\mu)$ y $H(v) = v$ entonces existe $w \in X \sim X_1$ y $n \in \omega$ tal que $\mu = F^{(n)}_{(w)}$

Por tanto $F(\mu) = F^{(n^+)}_{(w)}$, pero como $H(v) = v$, $v \neq F^{(n^+)}_{(w)}$

De aquí $v \neq F(\mu)$ y el caso (c) es imposible. De la misma nanera se demuestra si $H(\mu) = \mu$ y $H(v) = F(v)$.

Se ha demostrado que si $H(\mu) = H(v)$ entonces $\mu = v$ asi que H es (1-1).

Veamos que H es una función sobre X en X_1. Esta claro que $R(H) \subseteq X_1$, si $\mu \in X \sim X_1$, entonces $H(\mu) = F(\mu) \in X_2 \subseteq X_1$, y si $\mu \in X_1$ entonces $H(\mu)=\mu$ ó $H(\mu)=F(\mu)$, así que en cualquier caso $H(\mu) \in X_1$. Sea $v \in X_1$:

(6) Si $(\exists \mu)(\mu \in X \sim X_1 \wedge v = F^{(n^+)}_{(\mu)})$ entonces por definición de H, $H(F^{(n)}_{(\mu)}) = v$. Si (6) no se verifica entonces $H(v)=v$

Así para cada $v \in X_1$ existe $\mu \in X$ tal que $H(\mu) = v$.

Por tanto H es una función de X sobre X_1 En consecuencia $H: X \xrightarrow[(1-1)]{\text{sobre}} X_1$ lo cual implica que $X \approx X_1$, lo cual implica $X \approx Y$.

<u>NOTA</u>: En la demostración no se utilizó el axioma de elección.

4.5.2. <u>TEOREMA</u>:

(a) $X \leq Y \rightarrow Y \nprec X$

(b) $X < Y \rightarrow Y \nleq X$

(c) $(X \leq Y \wedge Y < Z) \rightarrow X < Z$

(d) $(X < Y \wedge Y \leq Z \rightarrow X < Z$

(e) $(X < Y \wedge Y < Z \rightarrow X < Z$

Demostración:

Aplicando el teorema de Schröder -Bernstein (SB).

(a) Supongamos $X \leq Y$ y $Y < X$. Pero $Y < X$ implica que $Y \leq X$. por tanto (SB) implica $X \approx Y$, contradiciendo $Y < X$.

(b) Por (a) $X < Y$ implica $X \lesssim Y$.

(c) Supongamos que $X \lesssim Y$ y $Y < Z$, entonces por 3.4.4.b, $X \lesssim Z$.

Supongamos $X \approx Z$ entonces tenemos $Z \lesssim Y$ y $Y < Z$ contradiciendo (a).

(d) y(e) semejantes a (c).

4.5.3. TEOREMA: $Pr(V)$.

Demostración.

El Teorema de Cantor, (3.4.6), enuncia que para cada conjunto x, $x < P(x)$. Supongamos que V es un conjunto, entonces:

(1) Tendríamos $V < P(v)$.

Sin embargo $P(v) \subseteq V$(2.5.4.b), asi que por 3.4.4.d.

(2) $P(V) \lesssim V$.

Pero (1) y (2) contradicen a 4.5.2.a; en consecuencia V no es un conjunto. Pero como V es una clase, V debe una clase propia.

NOTA: En la teoría intuitiva de Cantor el argumento anterior conduce a una paradoja (contradicción). Pero - en el sistema NBG, la paradoja no existe, simplemente se infiere que V es una clase propia.

CAPITULO V

CLASES INFINITAS Y FINITAS.

5.1.1. DEFINICION: $Cl(X) \to$

(a) X es finita $\equiv (\exists n)(n \in \omega \wedge X \approx n)$

(b) X es infinita $\equiv$ X no es finita

Es obvio que si X es una clase finita entonces X es un conjunto, y si X es finita y $X \approx Y$ entonces Y es finita. Además cada número natural es finito.

5.1.2. TEOREMA:

(a) $(Cl(X) \wedge X$ es finita$) \to C(X)$.

(b) $(Cl(X) \wedge X$ es finita $\wedge\, Y \approx X) \to Y$ es finita

(c) $n \in \omega \to$ n es finito.

5.1.3. TEOREMA. $(n \in \omega \wedge x \subseteq n) \to x$ es finito.

Demostración:

Por inducción. Sea $y = \{n | n \in \omega \wedge (\forall \mu)(\mu \subseteq n \to \mu$ es finito$)\}$

Claramente $0 \in y$. Supongamos que $n \in y$, y $x \subseteq n^{+}$. Entonces o bien $x \subseteq n$ ó $n \in x$. Si $x \subseteq n$ entonces x es finito puesto que $n \in y$. Si $n \in x$ y $x \subset n^{+}$ entonces existe $m \in n^{+}$ tal que $m \notin x$. Sea $z = (x \sim \{n\}) \cup \{m\}$.

Entonces $x \approx z$ y $z \subseteq n$. Como $n \in y$, z es finito. Por tanto, $x \approx z$ implica que x también es finita. Por tanto $n^{+} \in y$.

5.1.4. <u>COROLARIO</u>: $(CL(X) \wedge X \text{ es finito} \wedge Y \subseteq X) \rightarrow Y \text{ es finito}.$

5.1.5. <u>COROLARIO</u>: $(Cl(X) \wedge X \text{ es finito} \wedge Y \leq X) \rightarrow Y \text{ es finito}.$

5.1.6. <u>TEOREMA</u>: $n \in \omega \rightarrow \neg(\exists x)(x \subset n \wedge x \approx n);$

O sea ningún número natural es equipotente a un subconjunto propio de si mismo.

Demostración:

Similar a 5.1.3.

5.1.7. <u>COROLARIO</u>: $(Cl(X) \wedge X \text{ es finito}) \rightarrow \neg(\exists Y)(Y \subset X \wedge Y \approx X)$

5.1.8. <u>COROLARIO</u>: ω es infinito.

Inmediatamente de 5.1.7 se deduce que ω no es finito.

El conjunto ω es equipotente a $\omega \sim \{0\}$, por cuanto si $f(n) = n^+$ para todo $n \in \omega$, entonces f es una función (1-1) de ω sobre $\omega \sim \{0\}$

5.2. <u>CLASES NUMERABLES</u>.

5.2.1. <u>DEFINICION</u>:

(a) X es numerable $\equiv X \approx \omega$

(b) X es contable $\equiv$ X es numerable ó finito.

5.2.2. <u>TEOREMA</u>: X es numerable $\rightarrow (C(X) \wedge X \text{ es infinito})$.

Demostración:

Aplicar los teoremas en siguiente orden:

(5.2.1)-(4.1.7)-(3.4.5.a)-(5.1.8)-(5.1.1).

5.2.3. DEFINICION: Sucesiones.

$\mu \subseteq \omega \rightarrow$ (X es una μ-sucesión $\equiv$ (Fn(X) $\wedge$ D(X)=μ)

Se observa que para cada conjunto contable x existe $\mu \subseteq \omega$ tal que x es equipotente a una μ sucesión. También es cierto que si $\mu \subseteq \omega$ entonces cada μ sucesión es contable, lo cual veremos en el siguiente teorema.

5.2.4. TEOREMA: $x \subseteq \omega \rightarrow x$ es contable.

Demostración:

De 3.4.4. d si $x \subseteq \omega$ entonces $x \lesssim \omega$. si $x \approx \omega$ entonces x es numerable. Veamos que si $x < \omega$ entonces x es finito

Supongase que $x \subseteq \omega$, $x < \omega$ y x infinito. Por tanto de 4.2.2, el teorema de recursión III, 4.3.3 y 4.2.1 tenemos que existe una única función f tal que D(f) = ω y para cada $n \in \omega$,

$$f(n) = \begin{cases} \text{El más pequeño elemento de } (x \sim f''n), \text{ si } x \sim f''n \neq \phi \\ \phi, \text{ si } x \sim f''n = \phi \end{cases}$$

Sin embargo, si $x \sim f''n = \phi$ entonces $x \subseteq f''n$. Lo cual implica que x es finito, contradiciendo la presunción de que x es infinito. En consecuencia:

(1) $f(n)$ = el más pequeño elemento de $(x \sim f''n)$, $\forall n \in \omega$.

Además f es (1-1). Supongamos $n, m \in \omega$. y $m \in n$ entonces $f(m) \notin x \sim f''n$ por que $f(m) \in f''n$. Pero por (1), $f(n) \in x \sim f''n$.

Por tanto $f(n) \neq f(m)$, así que f es (1-1) y $\omega \lesssim x$. Lo cual contradice a $x < \omega$. En consecuencia x debe ser finito.

5.2.5. COROLARIO: (x es numerable $\wedge$ y $\subseteq$ x) $\rightarrow$ y es contable.

5.2.6. COROLARIO: (x es numerable $\wedge$ y $\leq$ x) $\rightarrow$ y es contable.

5.2.7. COROLARIO: (x es numerable $\wedge$ y $<$ x) $\rightarrow$ y es finito.

5.2.8. TEOREMA: $(\forall n)[x_n$ es numerable $\wedge$ $(\forall m)(m \neq n \rightarrow x_n \cap x_m = \phi]$ $\rightarrow$ $\bigcup_{n\in\omega} x_n$ es numerable.

O sea: La unión numerable de conjuntos numerables disjuntos por pares es numerable. Se utilizará el método de diagonalización de Cantor y el axioma elección.

Demostración:

Antes, la idea general de la demostración es la siguiente: puesto que $x_n \approx \omega$ para cada $n \in \omega$, el conjunto x_n se puede expresar de la (1) forma $x_n = \{x_n p \mid p \in \omega\}$.

Entonces los elementos de $\bigcup_{n\in\omega} x_n$ se pueden expresar como - una "matriz infinita", tal que la primera fila consiste de elementos x_0 , la segunda fila de elementos x_1 , y asi sucesivamente.

$$\begin{matrix} x_{00} & x_{01} & x_{02} \cdots \\ x_{10} & x_{11} & x_{12} \cdots \\ x_{20} & x_{21} & x_{22} \cdots \\ \vdots & \vdots & \vdots \ \ddots \end{matrix}$$

De la hipótesis y de (1) tenemos que:

(2) $x_{nm}=x_{pq} \leftrightarrow n=p$ y $m=q$.

Además, cada elemento de $\bigcup_{n\in\omega} x_n$ aparece en la matriz infinita.

Se construye luego una función $\bigcup_{n\in\omega} x_n$ y ω que cuente los elementos de la matriz infinita a lo largo de la diagonal. O sea $f(x_{00})=0$, $f(x_{10}) = 1$, $f(x_{01}) = 2$, $f(X_{20}) = 3$...

Pero para que la demostración sea rigurosa, primero se debe asegurar que la matriz infinita existe. Siendo cierto que x_n es numerable para cada $n\in\omega$; para construir la matriz infinita, o sea debe ser posible seleccionar una enumeración de x_n para cada $n\in\omega$. O sea para cada $n\in\omega$ se debe seleccionar una función f_n tal que f_n es (1-1) de x_n sobre ω. Si hubiera que hacer un número finito de selecciones, no habría problema alguno. Sin embargo se debe hacer un número infinito de selecciones, para lo cual se necesita el axioma de elección.

El axioma de elección se utiliza de la siguiente forma:
Para cada $n\in\omega$ se define un conjunto y_n así:

$$f \in y_n \leftrightarrow f\colon x_n \xrightarrow[\text{sobre}]{1-1} \omega$$

Sea $Y = \{y_n | n\in\omega\}$, este conjunto es no vacío y los y_n son no vacíos. Por tanto por el axioma de elección, (ae1), existe una función F en Y tal que para cada $y_n \in Y$, $F(y_n) \in y_n$.

Sea $F(y_n) = f_n$, así, para cada $n \in \omega$, f_n es una función (1-1) sobre ω.

Por tanto se ha construido un número numerable de enumeraciones simultaneamente.

5.2.9. <u>COROLARIO</u>: $(\forall n)(x_n$ es numerable$) \rightarrow \bigcup_{n\in\omega} x_n$ es numerable.

Demostración:

Por 5.2.8; SB y axioma de elección.

5.2.10. <u>COROLARIO</u>: $(\forall n)(n \in m \rightarrow x_n$ es numerable$) \rightarrow \bigcup_{n\in m} x_n$ es numerable.

5.2.11. <u>COROLARIO</u>: (x es finito $\wedge$ y es numerable) $\rightarrow x \cup y$ es numerable.

5.2.12. <u>COROLARIO</u>: $\omega \times \omega \approx \omega$.

Demostración:

Ordenar los elementos de $\omega \times \omega$ como una matriz infinita, y contar a lo largo de la diagonal.

5.2.13. <u>COROLARIO</u>: $n \neq 0 \rightarrow \omega^n \approx \omega$.

Demostración:

Por inducción y 5.2.11.

<u>NOTA</u>: Sin embargo, si $2 \leq n$ entonces n^ω no es contable por que de 3.5.23 tenemos que $2^\omega \approx P(\omega)$ del 3.4.6 tenemos que $\omega < P(\omega)$ y como $X_1 \leq X_2$ implica que $X_1^Y \leq X_2^Y$, por tanto si

$2 \leq n$ entonces $2^{\omega} \leq n^{\omega}$

5.2.14. <u>COROLARIO</u>: (X es numerable $\wedge$ Y es numerable) $\rightarrow X \times Y$ es numerable.

Demostración: 5.2.12.

5.2.15. <u>COROLARIO</u>: (X es numerable $\wedge$ Y es finito $\neq \phi$) $\rightarrow X^{Y}$ es numerable.

Demostración: 5.2.13.

<u>NOTA</u>: De la nota anterior: si $2 \leq Y$ entonces Y^{X} no es contable.

5.2.16. **TEOREMA**: $(C(X) \wedge X$ infinito$) \rightarrow (\exists Y)(Y \subseteq X \wedge Y$ numerable$)$. O sea todo conjunto infinito contiene un subconjunto numerable.

Demostración:

La idea de la demostración es la siguiente: Sea X un conjunto infinito. Como $X \neq \phi$ existe $y_0 \in X$. Pero $X \sim \{y_0\} \neq \phi$ porque X es infinito. Por tanto existe $y_1 \in X \sim \{y_0\}$.

Además $X \sim \{y_0, y_1\} \neq \phi$ porque X es infinito. Por tanto existe $y_2 \in X \sim \{y_0, y_1\}$ ...

Parece intuitivo que se pueda continuar con este procedimiento un número numerable de veces, y construir un conjunto numerable $\subseteq X$. Este equivale a hacer un número numerable de elecciones. Y de forma similar a 5.2.8 se necesita el axioma de elección.

Demostración:

Sea X un conjunto infinito y F una función de elección en $P(X) \sim \{\phi\}$, o sea para cada $\mu \subseteq X$ y $\mu \neq \phi$ entonces $F(\mu) \in \mu$. Si μ es un subconjunto finito de X, como X es infinito entonces $X \sim \mu \neq \phi$, así que $X \sim \mu \in D(F) = P(X) \sim \{\phi\}$. Definamos por el Teorema de recursión I una función G, así:

$$G(o) = \phi$$

$$G(n^+) = G(n) \cup \{F(X \sim G(n))\}$$

Por inducción tenemos que G(n) es infinito para cada $n \in \omega$ así que $X \sim G(n) \in D(F)$ para cada $n \in \omega$

NOTA: Comparando la construcción formal con la idea intuitiva de la demostración que $F(X-G(n)) = y_n$, y $G(n^+) = \{y_0, y_1, \ldots, y_n\}$

(1) Veamos ahora que $\{F(X-G(n)) | n \in \omega\} \subseteq X$

(2) " " " $\{F(X-G(n)) | n \in \omega\} \approx \omega$

(3) Como F es una función, entonces $F(X \sim G(n)) \in X \sim G(n)$, y $X \sim G(n) \subseteq X$. Por tanto (1) es cierto. Para demostrar (2), para cada $n \in \omega$ sea

(4) $H(n) = F(X \sim G(n))$

Entonces $D(H) = \omega$. Supongamos que $m < n$. Por tanto, por definición de G.

(5) Tenemos que H(m) $\in$ G(n); pero por (3) y (4).

(6) H(n) $\notin$ G(n); así por (5) y (6) H(m) $\neq$(n) y H es (1-1). Por tanto (2) es cierto. Por tanto 5.1.16. es cierto.

5.2.17. <u>TEOREMA</u>: X es infinito $\leftrightarrow (\exists y)(y \subset x \wedge y \approx x)$

Demostración:

Si una clase es equipotente a una subclase propia de si misma, entonces, por 5.1.7, es infinita.

Supongamos ahora que x es infinita. Entonces, por 5.2.16, x contiene un conjunto numerable $z = \{y_n | n \in \omega\}$ Definase una función F en X como sigue:

$$\begin{cases} (\forall n)(\mu \neq y \rightarrow F(\mu) = \mu) \\ \\ (\exists n)(\mu = y_n \rightarrow F(\mu) = y_{n^+}) \end{cases}$$

Así si $\mu \neq y_n$ entonces $F(\mu) = \mu$; y $F(y_0) = y_1$; $F(y_1)$, $= y_2$, $F(y_2) = y_3 \ldots$. Esta claro que F es (1-1) de x sobre $x - \{y_0\}$. Por tanto, x es equipotente a una subclase de si misma.

5.2.18. <u>COROLARIO</u>: x es infinita $\leftrightarrow x \approx x^+$.

5.3. <u>EL PRINCIPIO DE ELECCION DEPENDIENTE</u>. (Versión de A.Tarski)

Algunas veces no es necesario utilizar toda la potencia del axioma de elección, donde sólo es necesario una forma -

débil tal como el principio de elección dependiente.(PED):

$(Rel(R) \wedge R \neq \phi \wedge D(R) \subseteq R(R) \wedge (\forall\mu)(\mu \in D(R) \rightarrow C(R''\{\mu\})) \rightarrow$

$(\exists f)(Fn(f) \wedge D(f) = \omega \wedge R(f) \subseteq D(R) \wedge (\forall n)(n \in \omega \rightarrow f(n)\, R\, f(n+1))$

Este principio hace posible la selección de un número numerable de elementos f(o), f(1), f(2),..., y para cada n la elección de $f(n^+)$ depende de le elección de f(n). La naturaleza no constructiva de PED es evidente, porque no es una regla para construir la función f.

5.3.1. TEOREMA: AE2 → PED

Demostración:

Sea R una relación que satisface la hipótesis de PED. Entonces AE2 implica que existe una función de elección G tal que D(G) = D(R) y G ⊆ R. Utilizando el primer teorema de recursión puede construir la función f. Sea $\mu \in D(R)$, defínase $f(o) = \mu$ y $f(n^+) = G(f(n))$

Por definición G, f es la función requerida.

5.3.2. TEOREMA: $(C(x) \wedge X$ es infinito$) \rightarrow (\exists Y)(Y \subseteq X \wedge Y$ es numerable$)$.

Demostración:

Observese que este es el Teorema 5.2.16, la demostración se haría utilizando PED.

Sea X un conjunto infinito y sea Y la clase de todos los subconjuntos finitos no vacíos de X. Definamos una - ralación R en Y así:

$\mu R v \leftrightarrow (\mu, v \in Y \wedge \mu \subset v \wedge (\exists ! w)(w \in v \wedge w \notin \mu))$.

Así, $\mu R v$ sii v tiene exactamente un elemento más que μ. R satisface la hipótesis de PED; por tanto existe una función f tal que $D(f) = \omega$, $R(f) \subseteq Y$; y

$$(\forall n)(n \in \omega \rightarrow f(n)\ R\ f(n^+))$$

Por tanto, para cada $n \in \omega$, existe un elemento $y_n \in X$ tal que $y_n \notin f(n)$, y $f(n^+) = f(n) \cup \{y_n\}$. Claramente, si $m < n$ entonces $f(m) \subset f(n)$. Por tanto f es una función (1-1) de ω sobre X. En consecuencia, R(f) es un subconjunto numerable de X.

5.3.3. AXIOMA DE ELECCION CONTABLE (AEC)

Si X es un conjunto no vacío contable de conjuntos no vacíos disjuntos por pares entonces existe un conjunto C que consiste de uno y sólo un elemento de cada conjunto en X.

5.3.4. TEOREMA: A8 $\rightarrow$ AEC

Demostración; hasta aplicar (ae8).

5.3.5. TEOREMA: PED $\rightarrow$ AEC

Demostración: Ejercicios.

5.4. EL AXIOMA DE REGULARIDAD (A9)

Veamos ahora que A9 es equivalente al enunciado: no existe una cadena descendente de conjuntos.

5.4.1. TEOREMA:

$$\neg(\exists f)[Fn(f) \wedge D(f) = \omega \wedge (\forall n)(n \in \omega \rightarrow f(n^+) \in f(n))]$$

Demostración:

Supongamos existe una función f tal que $D(f) = \omega$, y para cada $n \in \omega$, $f(n^+) \in f(n)$. Entonces para cada $n \in \omega$, tenemos que $f(n^+) \in f(n)$ y $f(n^+) \in R(f)$. Por tanto, para $n \in \omega$ $f(n) \cap R(f) \neq \phi$, lo cual contradice A9.

5.4.2. $\neg A9 \rightarrow (\exists f)[Fn(f) \wedge D(f) = \omega \wedge (\forall n)(n \in \omega \rightarrow f(n^+) \in f(n))]$

Demostración:

Supongamos que A9 es falso. Entonces existe una clase no vacía de conjuntos X, tal que cada $\mu \in X$, $\mu \cap X \neq \phi$. Sea G una función de elección definida en la clase $\{\mu \cap X \mid \mu \in X\}$. Entonces, para cada $\mu \in X$, $G(\mu \cap X) \in \mu \cap X$. Por el teorema de recursión I, defínase una función f así: sea $\mu \in X$, entonces:

$$\begin{cases} f(o) = G(\mu \cap X) \\ f(n^+) = G(f(n) \cap X) \end{cases}$$

Claramente, $D(f) = \omega$, y para cada $n \in \omega$, $f(n^+) \in f(n)$.

CAPITULO VI

RELACIONES DE ORDEN

6.1.Si X es una clase y R una relación definida en X entonces la relación impone un "cierto orden" a los elementos de la clase. Se debe distinguir entonces de tales clases ordenadas de las clases. Esto se puede expresar por medio de par ordenado (X,R). Sin embargo, si X ó R son clases propias entonces el par ordenado (X,R) no existe en el sistema NGB. Para evitar esta dificultad se define el símbolo $\langle X,R \rangle$, con las mismas propiedades que el par ordenado, definido para toda clase X y R.

6.1.1. DEFINICION: $(Cl(X) \wedge Cl(Y) \wedge Cl(Z)) \rightarrow$

(a) $\langle X,Y \rangle = (X \times \{o\}) \cup (Y \times \{1\})$

(b) $\langle X,Y,Z \rangle = (X \times \{o\}) \cup (Y \times \{1\}) \cup (Z \times \{2\})$

6.1.2. DEFINICION: Orden Parcial (o.p)

(a) R es una relación de orden parcial (o.p)=(Rel(R) $\wedge$ R es antisimétrica y transitiva)

(b) $\langle X,R \rangle$ es una clase parcialmente ordenada $\equiv (Cl(X) \wedge R|X$ es un (o.p)).

NOTA: $\langle X,R \rangle$ es una clase (o.p) y X es un conjunto, diremos que $\langle X,R \rangle$ es un conjunto (o.p). Además si X es una clase que tiene un (o.p) definida en X, diremos que X es una clase (o.p). Asi se puede decir que "ω es un conjunto (o.p)" en vez de "$\langle \omega , \leq \rangle$ es un conjunto (o.p)"

Además, si $\langle X,R \rangle$ es una clase (o.p) y $Y \subseteq X$ entonces $\langle Y,R \rangle$ es una clase (o.p); pero si $S \subseteq R$ no siempre es cierto que $\langle X,S \rangle$ es una clase (o.p).

6.1.3. DEFINICION. Elementos notables en las Relaciones.

$Rel(R) \wedge Cl(X) \rightarrow$

(a) μ es un R-primer elemento de $X \equiv (\mu \in X \wedge (\forall v)((v \in X \wedge \mu \neq v) \rightarrow \mu R v)$

(b) μ es un R-último elemento de $X \equiv (\mu \in X \wedge (\forall v)((v \in X \wedge \mu \neq v \rightarrow v R \mu)$

(c) μ es un R-mínimal elemento de $X \equiv (\mu \in X \wedge (\forall v)((v \in X \wedge v R \mu) \rightarrow \mu R v))$

(d) μ- es un R-máximal elemento de $X \equiv (\mu \in X \wedge (\forall v)((v \in X \wedge \mu R v) \rightarrow v R \mu))$

NOTA: A veces se utiliza el término "más grande" en lugar del último"; y "más pequeño" en lugar" de "el primer".

Si $Y \subseteq X$, puede haber un elemento en X el cual puede ser más grande ó más pequeño que todo elemento de Y.

6.1.4. DEFINICION: Cota inferior y superior.

$(Rel(R) \wedge Cl(X) \wedge Y \subseteq X) \rightarrow$

(a) μ es una R-cota inferior de $Y \equiv (\mu \in X \wedge (\forall v)(v \in y \wedge v \neq \mu) \rightarrow \mu R v))$

(b) μ es una R-cota superior de $Y \equiv (\mu \in X \wedge (\forall v)(v \in y \wedge v \neq \mu) \rightarrow v R \mu))$

6.1.5. DEFINICION: Infimun (inf.) y Supremun (sup.)

(a) μ es la R-más grande cota inferior de Y $\equiv$

(μ es una R-cota inferior de Y $\wedge (\forall v)((v$ es un R-cota inferior de $Y \wedge v \neq \mu) \rightarrow v R\mu))$

(b) μ es la R-más pequeña cota superior de Y $\equiv$

(μ es una R-cota superior de $Y \wedge (\forall v)((v$ es una R-cota superior de $Y \wedge v \neq \mu) \rightarrow \mu Rv))$

NOTA: A la más grade cota inferior se le dice "Infimum" ó "inf". A la más pequeña cota superior se le dice "supremun" ó "sup".

6.2. ORDEN LINEAL Y BUEN ORDEN.

6.2.1. DEFINICION: Relación Conexa.

R es conexa en X $\equiv ((\forall\mu)(\forall v)(\mu, v \in X \wedge \mu \neq v) \rightarrow (\mu Rv$ ó $vR\mu))$

6.2.2. DEFINICION: Orden Lineal.

(a) R es una relación de orden lineal (o.1) en X$\equiv$(R|X es (o.p) $\wedge$ R es conexa en X)

(b) $\langle X,R \rangle$ es una clase ordenada linealmente (0.1)$\equiv$(Cl(X) $\wedge$ R es un (o.1) en X)

NOTA: Un orden lineal algunas veces se llama"Completo" ó "total"; y a una clase linealmente ordenada se le dice "cadena".

Si X es un conjunto y $\langle X.R \rangle$ es una clase linealmente ordenada (o.1) diremos que $\langle X,R \rangle$ es un conjunto (o.1). Claramente si $\langle X.R \rangle$ es una clase (o.l) y $Y \subseteq X$ entonces $\langle Y,R \rangle$ es una clase (o.l).

6.2.3. <u>TEOREMA</u>: $\langle X.R \rangle$ es una clase (o.l) $\rightarrow$

(a) μ es una R-minimal elemento de $X \rightarrow \mu$ es el R-primer elemento de X.

(b) μ es un R-maximal elemento de X $\rightarrow$ μ es el R-último de X.

(a) Demostración:

Supongase que $\langle X,R \rangle$ es una clase (o.l) y μ es un R-minimal elemento de X. Entonces como R es conexa, para todo $v \in X$, $\mu \neq v$ ó bien $\mu R v$ ó $v R \mu$. Sin embargo μ es minimal de X, así $v R\mu$ implica μRv.

Por lo tanto, para $v \in X$, si $v \neq \mu$ entonces μRv. En consecuencia, μ es el R-primer elemento de X.

(b) Demostración similar.

6.2.4. <u>DEFINICION</u>: Buen ordenamiento(b.o)

(a) R es una relación de buen orden en X$\equiv$

$(\forall Y)((Y \subseteq X \wedge Y \neq \phi) \rightarrow (\exists ! \mu)($ μ es un R-primer elemento de Y)).

(b) $\langle X,R \rangle$ es una clase bien ordenada (b.o) $\equiv$ (Cl(X)$\wedge$ R es un (b.o) en X)) .

6.2.5. <u>TEOREMA</u>: R es una relación de (b.o) $\rightarrow$ R es un (o.l)

Demostración:

Supongase que R es una relación (b.o) y $F(R)= X$. Veamos primero que R es un (o.p). Supongase $\mu, v \in X$, $\mu R v$ y $vR\mu$ Así $\{\mu, v\}$ como subconjunto de X tiene un único primer elemento. Por tanto μRv y $v R\mu$ implica que $\mu = v$. Así R es antisimétrica.

Para demostrar que R es transitiva supongamos $\mu, v, w, \in X$, μRv y $v R w$. Como $\{\mu, v, w\} \subseteq X$, entonces $\{\mu, v, w\}$ tiene un único primer elemento. Si μ es el primer elemento entonces ó bien μRw ó $\mu = w$. Si $\mu = w$ entonces de la antisemetría de R que $v = w$. Así $\mu R v$ implica μRw.

Si v es el primer elemento entonces $v = \mu$ ó $v R\mu$. Si $v R \mu$ entonces de la antisimétría de R tenemos $v = \mu$. Por tanto, $v R w$ implica $\mu R w$. Finalmente, si w es el primer elemento, por argumentación similar, tenemos μRw. Por tanto R es un (o.p).

Veamos que R es conexa. Supongase $\mu, v \in X$ y $\mu \neq v$. Entonces $\{\mu, v\} \subseteq X$. Así que $\{\mu, v\}$tiene un único primer. Si μ es el primer elemento entonces μRv, y si v es el primer elemento entonces $vR\mu$. Por tanto R es conexa y R es (o.l).

6.2.6. COROLARIO: $(Rel(R) \wedge Cl(X)) \rightarrow$

(a) $\langle X,R \rangle$ es una clase (b.o)$\leftrightarrow$

$(R|X$ es antisimétrica $\wedge (\forall Y)((Y \subseteq X \wedge Y \neq \phi) \rightarrow$

$(\exists\mu)(\mu$ es un R-primer elemento de $Y)))$.

(b) $<X,R>$ es una clase (b.o) $\leftrightarrow$

($<X,R>$ es un (o.p) $\wedge (\forall Y)(Y \subseteq X \wedge Y \neq \phi) \rightarrow (\exists \mu)(\mu$ es un R-primer elemento de Y))).

(c) $<X,R>$ es una clase (b.o) $\leftrightarrow$

$<X,R>$ es una clase (o.l) $\wedge (\forall Y)(Y \subseteq X \wedge Y \neq \phi) \rightarrow (\exists \mu)$ (μ es un R- primer elemento de Y)))

6.3. INDUCCION TRANSFINITA.

La inducción transfinita sobre una clase (b.o) es una generalización de la inducción matemática en ω. Sin embargo - las formas de inducción matemática en 4.1.8.d no se verifica para una clase (b.o) arbitraria. Si $X = \omega \cup \{\omega\}$, defínase R en X así: $m, n \in \omega \rightarrow (n R m \leftrightarrow n \leq m)$, $(n \in \omega$ o $n = \omega \rightarrow nR\omega)$

Entonces $<X,R>$ es un conjunto (b.o). Además $o \in \omega$, y si $n \in \omega$ entonces $n^+ \in \omega$, pero $\omega \subset X$. La razón esencial por la cual inducción matemática falla en X es que ω no tiene inmediato - predecesor en X.

La forma de inducción matemática que trabaja en cualquier clase (b.o) es el teorema 4.2.3. En esta forma a cada elemento desde su inmediato predecesor, se pasa a cada elemento desde el conjunto de todos sus predecesores.

6.3.1. DEFINICION: Segmento Inicial.

$(\text{Rel}(R) \quad Cl(X) \wedge \mu \in X) \rightarrow S_{XR}(\mu) = \{v | \in X \wedge vR\mu\} \sim \{\mu\}$

S_{XR} se llama el R-segmento inicial de X generado por μ.

O sea, S_{XR} es la clase de todos los elementos de X que estrictamente preceden a μ.

6.3.2. <u>TEOREMA</u>: $\langle X,R\rangle$ es una clase (o.p) $\rightarrow$

(a) $\mu \in X \rightarrow S_{XR} \subset X$

(b) $(Y \subseteq X \wedge \mu \in Y) \rightarrow S_{YR}(\mu) \subseteq S_{XR}(\mu)$

(c) $(\mu, v \in X \wedge \mu R v) \rightarrow S_{XR}(\mu) \subseteq S_{XR}(v)$

(d) $(\mu \in X \wedge Y = S_{XR}(\mu) \wedge v \in Y) \rightarrow S_{YR}(v) = S_{XR}(v)$

6.3.3. <u>PRINCIPIO DE INDUCCION TRANSFINITA</u>.

$[\langle X,R\rangle$ es una clase (b.o) $\wedge Y \subseteq X \wedge (\forall\mu)((\mu \in X \wedge S_{XR}(\mu) \subseteq Y)$ $\rightarrow \mu \in Y)] \rightarrow Y = X$.

<u>NOTA</u>: Si $X = \omega$ y $R \equiv \leq$, entonces $S_{XR}(n) = n$ para todo $n \in \omega$. En consecuencia 4.2.3 en un caso especial de 7.3.3.

<u>Demostración</u>:

Supongase X,R, y Y satisfacen la hipotesis. Supongase $X \sim Y \neq \phi$. Como R es una relación (b.o), $X \sim Y$ tiene un único primer elemento μ. Por tanto todos los elementos en X que preceden a μ deben estar en Y. O sea $S_{XR}(\mu) \subseteq Y$.

Pero por hipotesis, si $S_{XR}(\mu) \subseteq Y$ entonces $\mu \in Y$. Lo cual es una contradicción. Por tanto X = Y

6.3.4. <u>TEOREMA</u>: $\langle X,R\rangle$ es una clase (o.1) $\wedge (\forall Y)(\forall\mu)((Y \subseteq X \wedge \mu \in X \wedge$

$(S_{XR}(\mu) \subseteq Y \rightarrow \mu \in Y)) \rightarrow Y = X)) \rightarrow \langle X, R\rangle$ es una clase (b.o).

6.4. ISOMORFISMOS.

6.4.1. DEFINICION: Isomorfismo.

(a) $(F: X \underset{RS}{\cong} Y) \equiv \left[F: X \xrightarrow[\text{sobre}]{1-1} Y \wedge (\forall\mu)(\forall v)(\mu, v \in X \rightarrow \right.$

$\left.\mu R v \leftrightarrow F(\mu)\, S\, F(v)))\right]$

(b) $(X \underset{R\ S}{\cong} Y) \equiv (\exists F)(F: X \underset{R\ S}{\cong} Y)$

(c) $(\langle X, R\rangle \cong \langle Y, S\rangle) \equiv (X \underset{R\ S}{\cong} Y)$

Es decir si existe una función F de una clase X en clase Y, y F es (1-1) y sobre, entonces decimos que las dos clases son isomorfas ó similares; siempre que F conserve el orden, la cual se denota por " $\cong$ "

La función F en tal caso es una función de similaridad.

6.4.1. TEOREMA: $(Cl(X) \wedge Cl(Y) \wedge Cl(Z) \wedge Rel(R) \wedge Rel(S) \wedge Rel(T) \rightarrow$

(a) $X \underset{R\ S}{\cong} X$

(b) $(X \underset{RS}{\cong} Y) \rightarrow Y \underset{S\ R}{\cong} X$

(c) $(X \underset{R\ S}{\cong} Y \wedge Y \underset{ST}{\cong} Z) \rightarrow X \underset{R\ T}{\cong} Z$

Como es obvio " $\cong$ " es una relación de equivalencia

6.4.3. TEOREMA: $(Cl(X) \wedge Cl(Y) \wedge Rel(R) \wedge Rel(S) \wedge X \underset{R\ S}{\cong} Y) \rightarrow$

(a) $\langle X,R\rangle$ es una clase (o.p) $\leftrightarrow$ $\langle Y,S\rangle$ es una clase (o.p).

(b) $\langle X,R\rangle$ es una clase (o.l) $\leftrightarrow$ $\langle Y,S\rangle$ es una clase (o.l)

(c) $\langle X,R\rangle$ es una clase (b.o) $\leftrightarrow$ $\langle Y,S\rangle$ es una clase (b,o)

6.4.4. TEOREMA: ($\langle X,R\rangle$ es una clase (b.o) $\wedge$ $Y \subseteq X \wedge F: \underset{R\ R}{\cong} Y) \rightarrow$

$$(\forall\mu)(\mu\in X \longrightarrow (\mu RF(\mu) \text{ ó } \mu=F(\mu)))$$

Este teorema enuncia que si $\langle X,R\rangle$ es una clase (b.o) y F es un isomorfismo de X en si mismo entonces para todo $\mu\in X$, $\mu RF(\mu)$ ó $\mu = F(\mu)$

Demostración:

Supongamos el teorema es falso. Sea $\langle X,R\rangle$ una clase (b.o) y F un isomorfismo de X en si mismo. Sea:

$Z = \{\mu | \mu\in X \wedge R(\mu)R\mu \wedge \mu \neq F(\mu)\}$, si el teorema es falso entonces $Z \neq \phi$. Como Z es una subclase no vacía de X, tiene un primer elemento s. Como $s\in Z$ entonces, (1), $F(s)\ Rs$ y $s \neq F(s)$.

Pero como s es el primer elemento de Z, tenemos de (1) que $F(s) \notin Z$; y por tanto, (2), $F(s)\ RF(F(s))$. Sin embargo, F es un isomorfismo, asi que (2) es cierto sii, (3), $sRF(s)$. Por tanto (1) y (3) se contradicen, implicando $Z = \phi$ y el teorema es cierto.

6.4.5. TEOREMA:

($\langle X,R\rangle \wedge \langle Y,S\rangle$ son clases (b.o) $\wedge \langle X,R\rangle \cong \langle Y,S\rangle \rightarrow$

$(\exists! F)(F: X \underset{R\,S}{\cong} Y)$.

Demostración:

Supongase <X,R> y <Y,S> satisfacen las hipotesis, supongamos F,G son isomorfismos de X sobre Y. Sea:

$$J = G^{-1}\circ F \quad y \quad K = F^{-1}\circ G,$$

se observa facilmente que J y K son isomorfismos de X sobre si mismo.

Por 6.4.4. tenemos:

(1) $(\forall\mu)(\mu\varepsilon X \rightarrow (\mu\, RJ(\mu)$ ó $= J(\mu)))$, como G es un isomorfismo, (1) es cierto sii

(2) $(\forall\mu)(\mu\varepsilon X \rightarrow (G(\mu)\ SF(\mu)$ ó $G(\mu) = F(\mu)))$.

Con un razonamiento similar, usando K en lugar de J, tenemos

(3) $(\forall\mu)(\mu\varepsilon X \rightarrow (F(\mu) SG(\mu)$ ó $F(\mu) = G(\mu)))$

Como S es antisimétrica, (2) y (3) implican que $F(\mu) = G(\mu)$ para todo $\mu\varepsilon X$.

6.4.6. <u>TEOREMA</u>:

<X,R> es una clase (b.o) $\rightarrow \neg(\exists\mu)(\mu\varepsilon X \wedge X \underset{R\,R}{\cong} S_{X\,R}(\mu))$

O sea, una clase bien ordenada no puede ser isomorfa ó similar a un segmento inicial de si misma.

<u>Demostración</u>:

Supongase <X,R> es una clase (b.o) y existe $\mu\varepsilon X$ tal que $X \underset{R\,S}{\cong} S_{XR}(\mu)$. Sea F un isomorfismo de X sobre $S_{XR}(\mu)$.

Entonces $F(\mu) \in S_{XR}(\mu)$, lo cual implica que $F(\mu)\, R\mu$ y $F(\mu) \neq \mu$. Pero esto contradice a 7.4.4.

6.4.7. TEOREMA:

$[\langle X,R\rangle, \langle Y,T\rangle$ son clases b.o $\wedge$ ((R|X $\wedge$ T|Y son reflexivas) ó (R|X $\wedge$ S|T son irreflexivas))] $\rightarrow$ [(a) ó (b) ó (c)]; donde:

(a) $\langle X,R\rangle \cong (Y,T)$, ó

(b) $(\exists\mu)(\mu\in X \wedge \langle S_{XR}(\mu), R\rangle \cong \langle Y,T\rangle$ ó

(c) $(\exists v)(v\in y \wedge \langle X,R\rangle \cong \langle S_{YS}(v), T\rangle$

O sea, si dos clases son (b.o), pero no son isomorfas ó similares entonces una de ellas es isomorfa a un segmento inicial de la otra. Es decir tricotomía para clases b.o)

Demostración:

Sea $X_0 = \{\mu \mid \mu\in X \wedge (\exists v)(v\in Y \wedge S_{XR}(\mu) \underset{R\,T}{\cong} S_{YT}(v))\}$.

Si $\mu \in X_0$ entonces existe un único $v \in Y$ tal que $S_{XR}(\mu) \underset{R\,T}{\cong} S_{YT}(v)$. Para cada $\mu\in X_0$ se llamará al único $v\in Y$ que le corresponde, $F(\mu)$. Entonces F es (1-1) de X_0 en Y. Sea $Y_0 = R(F)$. F es un isomorfismo de X_0 sobre Y_0, es decir, $\langle X_0,R\rangle \cong \langle Y_0 T\rangle$. Se demostrará que: ($X_0 = X$ y $Y_0 = Y$) ó (X_0 es un R-segmento inicial de X y $Y_0 = Y$) ó (Y_0 es un T-segmento inicial de Y $\wedge$ $X_0 = X$)

Veamos primero que si $X_0 \subset X$ entonces X_0 es un R-segmento inicial de X. Sea μ el R-primero elemento de $X \sim X_0$. Supongase $v \in S_{XR}(\mu)$, entonces $v \in X$, $vR\mu$ y $\mu \neq v$. Como

μ es el R-primer elemento de $X \sim X_o$, tenemos $v \in X_o$. Conversamente, supongase $v \in X_o$. Entonces $S_{XR}(v) \underset{R}{\cong} {}_T S_{YT}(F(v))$

Por tanto, si $\mu R v$ entonces $\mu \in X_o \subset X$. Como $\mu \notin X$ tenemos $v R \mu$ y $v \neq \mu$. En consecuencia, como $v \in X_o \subset X$, $v \in S_{XR}(\mu)$, se demostró $X_o = S_{XR}(\mu)$.

Razonando en forma similar, si $Y_o \subset Y$ entonces Y_o es un T-segmento inicial de Y.

Finalmente supongamos $X_o \neq X$ y $Y_o \neq Y$. Sea μ el R-primer elemento de $X \sim X_o$ y v el T-primer elemento de $Y \sim Y_o$ Entonces $X_o = S_{XR}(\mu)$ y $Y_o = S_{YT}(v)$. Por tanto $S_{XR}(\mu) \underset{RT}{\overset{\sim}{=}} S_{YT}(v)$, lo cual implica que $\mu \in X_o$ y $v \in Y_o$, contradiciendo la definición de μ y v. En consecuencia $X_o = X$ y $Y_o = Y$.

6.4.8. <u>COROLARIO</u>:

$\langle X, R \rangle$ y $\langle Y, T \rangle$ son (b.o) $\rightarrow$ ($X < Y$ ó $X \approx Y$ ó $Y < X$)

6.5. <u>CLASES DENSAS Y CONTINUAS</u>.

6.5.1. <u>DEFINICION</u>: Clases densas.

(a) X es R-densa $\equiv$ $[(\exists\mu)(\exists v)(\mu, v \in X \wedge \mu \neq v) \wedge (\forall\mu)(\forall v)$ $((\mu, v \in X \wedge \mu \neq v) \rightarrow (\exists w)(w \neq v \wedge w \neq \mu \wedge ((\mu R w \wedge w R v)$ ó $(v R w$ ó $w R \mu))))]$

O sea, una clase X es densa si posee al menos dos elementos, y si entre cada par de elementos diferentes existe otro elemento.

(b) $<X, R>$ es densa $\equiv$ X es R-densa.

6.5.2. TEOREMA:

$<X, R>$ es una clase (o.p) densa $\rightarrow <X, R>$ es una clase (o.l)

Demostración:

Por transitividad de (o.p)

6.5.3. TEOREMA

$X \underset{R\ S}{\cong} Y \rightarrow$ (X es R-densa $\leftrightarrow$ Y es S-densa).

Demostración:

Por definición de isomorfismo.

6.5.4. TEOREMA:

$[(a) \wedge (b) \wedge (c)] \rightarrow <X, R> \cong <Y, S>$; donde :

(a) (($<X, R> \wedge <Y, S>$ son clases densas (o.p) $\wedge$ (R $\wedge$ S son reflexivas));y

(b) (X, Y son numerables) y

(c) $\neg(\exists\mu)$ (μ es el R-primero de X ó es el R-último elemento de X ó μ es el S-primer elemento de Y ó último elemento de Y).

6.5.5. DEFINICION: Tipo η

$<X, R>$ es de tipo $\eta \equiv [<X, R>$ es una clase densa (o.p) $\wedge$ X es numerable $\wedge$ R es reflexiva $\wedge$ $\neg(\exists\mu)$ (μ es el R-primer elemento de X ó μ es el R-último elemento de X)]

NOTA: El teorema 6.5.4 implica que todos los conjuntos del tipo η son isomorfos. Ahora probaremos que toda clase densa reflexiva (o.p) contiene un subconjunto del tipo η.

6.5.6. TEOREMA:

$(\langle X,R\rangle$ es una clase densa o.p $\wedge$ R es reflexiva) $\rightarrow$

$(\exists Y)(Y \subseteq X \wedge \langle Y,R\rangle$ es de tipo $\eta)$

Demostración:

Supongase $\langle Z,S\rangle$ es de tipo η. Sea $\langle X,R\rangle$ una clase densa (o.p) y R reflexiva. Se puede asumir que X no tiene R-primer ó R-último elemento, porque en tal cosa los podemos quitar, resultando una clase sin primer ó último elemento.

Como Z es numerable sus elementos pueden expresarse por medio de una sucesión, que no necesariamente conserva el orden. Sea $Z = \{Z_n \mid n \in \omega\}$.

Construyase ahora un subconjunto de X isomorfo a Z, como sigue. Sea $x_0 \in X$. Sea x_1 un elemento cualquiera de X, $x_1 \neq x_0$. el cual permanece en la misma relación con x_0, como z_1 permanece con z_0. Sea x_2 un elemento cualquiera de X, diferente de x_1 y x_0, el cual permanece en la misma relación con x_0 y x_1, como z_2 permance con z_0 y z_1, etc. Esta construcción es posible porque $\langle X,R\rangle$ es densa y X no tiene ni primier ni último elemento. Basta aplicar el axioma de elección para construir a $Y \subseteq X$ tal que Y es isomorfo a Z.

6.5.7. DEFINICION: Saltos, Cortes y Huecos.

$\langle X, R \rangle$ es una clase (o,p) $\rightarrow$

a) $\langle X_0, X_1, R \rangle$ es una partición ordenada de X $\equiv$

$[X_0, X_1 \subseteq X \wedge X_0, X_1 \neq \phi \wedge X_0 \cup X_1 = X \wedge X_0 \cap X_1 = \phi \wedge (\forall \mu)(\forall v)((\mu \in X_0 \wedge v \in X_1) \rightarrow \mu R v)]$

b) $\langle X_0, X_1, R \rangle$ es un salto en X $\equiv$

[$\langle X_0, X_1, R \rangle$ es una partición ordenada de $X \wedge (\exists \mu)(\exists v)$ (μ es un R-último elemento de $X_0 \wedge v$ es un R-primer elemento de X_1)]

c) $\langle X_0, X_1, R \rangle$ es un corte en X $\equiv$

{$\langle X_0, X_1, R \rangle$ es una partición ordenada de X $\wedge$ [$(\exists \mu)$(μ es un R-último elemento de X_0) ó $(\exists v)$(v es un R-primer elemento de X_1)] $\wedge \neg(\exists \mu)(\exists v)$($\mu$ es un R-último elemento de $X_0 \wedge v$ es un R-primer elemento de X_1)}

d) $\langle X_0, X_1, R \rangle$ es un hueco en X $\equiv$

[$\langle X_0, X_1, R \rangle$ es una partición ordenada de $X \wedge \neg(\exists \mu)$($\mu$ es un R-último elemento de X_0 ó μ es un R-primer elemento de X_1)]

NOTA: En el siguiente teorema se demuesta que los saltos, cortes y huecos se conservan bajo isomorfismo.

6.5.8. TEOREMA: (< X, R > ^ < Y, S > son clases (o,p) ^ $F: X \underset{R\,S}{\cong} Y$) →

(a) < X_0, X_1, R > es un salto en X ↔ < F"X_0, F"X_1, S > es un salto en Y.

(b) < X_0, X_1, R > es un corte en X ↔ < F"X_0, F"X_1, S > es un corte en Y.

(c) < X_0, X_1, R > es un hueco en X ↔ < F"X_0, F"X_1, S > es un hueco en Y.

6.5.9. TEOREMA:

< X, R > es una clase densa (o.p) → ⌉($\exists X_0$)($\exists X_1$)(< X_0, X_1, R > es un salto en X). (O sea una clase densa (o.p) no tiene saltos)

Demostración:

Por el Teorema 6.5.1.

6.5.10. CLASES CONTINUAS.

Una clase (o.p) es continua si no tiene saltos o huecos.

< X, R > es una clase (o.p) →

[< X, R > es continua ≡ ⌉($\exists X_0$)($\exists X_1$)(< X_0, X_1, R > es un salto ó hueco)]

6.5.11. TEOREMA:

< X, R > es una clase continua (o.p) → < X, R > es densa.

Demostración, por 6.5.1 y 6.5. 10.

6.5.12. TEOREMA:

[$<X,R>$ es una clase densa (o.p) $\wedge$ $\neg(\exists X_0)(\exists X_1)(<X_0, X_1, R>$ es un hueco en X $] \rightarrow <X,R>$ es continua.

Demostración, por 6.5.1 y 6.5.10.

6.5.13. TEOREMA:

($<X,R>$ es una clase densa (o.p) $\wedge$ X numerable) $\rightarrow$ $(\exists X_0)(\exists X_1)(<X_0, X_1, R>$ es un hueco en X).

Demostración:

Sea $<X,R>$ una clase densa numerable (o.p), y sea $X = \{x_n \mid n \in \omega\}$.

Supongase $x_0 R x_1$ y $x_0 \neq x_1$. Sea $\mu_0 = x_0$ y $v_0 = x_1$. Se construye una sucesión μ y v como sigue: μ_1 es el elemento de X con el más pequeño subindice que no ha sido seleccionado y esta entre μ_0 y v_0; v_1 es el elemento de X con el más pequeño subindice que no ha sido seleccionado y está entre μ_1 y v_0; μ_2 es el elemento de X con el más pequeño subindice que no ha sido seleccionado y esta entre μ_1 y v_1; v_2 es el elemento de X con el más pequeño subindice que no ha sido seleccionado y ésta entre μ_2 y v_1 etc.

Por este método se construyen dos sucesiones μ y v tales que para todo n, $m \in \omega$, $\mu_n R \mu_{n+1}$; $v_{n+1} R v_n$; $\mu_n R v_m$.

Sea $X_0 = \{ x \mid x \in X \wedge (\exists n)(n \in \omega \wedge xR\mu n)\}$

$X_1 = \{ x \mid x \in X \wedge (\exists n)(n \in \omega \wedge vn\ Rx)\}$

Puesto que μ es una sucesión creciente, X_0 no tiene R-último elemento. Y como v es una sucesión decreciente, X_1 no tiene R-primer elemento. Además, como $\mu_m Rv_n$ y $\mu_m \neq v_n$ para todo $m,n \in \omega$, entonces cada elemento de X_0 precede a cada elemento de X_1. Falta demostrar que $X_0 \cup X_1 = X$.

Si $X \neq X_0 \cup X_1$ entonces deben existir elementos de X entre X_0 y X_1.

Definase para cada $n \in \omega$.

$Y_n = \{m \mid (\forall j)((j \in \omega \wedge j < n) \rightarrow (\mu_j\ R\, x_m \wedge \mu_j \neq x_m \wedge x_m\ Rv_j \wedge x_m \neq v_j))\}$,

o sea Y_n es el conjunto de todos los subindice m tales que x_m está entre μ_j y v_j, para todo $j < n$.

Sea $s(n)$ = el más pequeño elemento de Y_n.

De la definición de μ y v se sigue que $x_{s(n)} = \mu_n$, por tanto $s(n+1) > s(n)$.

Claramente, $s(o) \geq 0$. De aquí, se sigue por inducción que $s(n) \geq n$, para todo $n \in \omega$. Así $s(n+1) > n$, y esto implica $n \notin Y_{n+1}$. En consecuencia, de la definición de Y_{n+1} se tiene que:

$(\exists j)(j \in \omega \wedge j < n+1 \wedge (x_n R_{\mu j}$ ó $\mu_j = x_n$ ó $v_j\ Rx_n$ ó $x_n = v_j))$, lo cual implica que: para cada $n \in \omega$, $x_n \in X_0$ ó $x_n \in X_1$.

6.1.14. TEOREMA:

($\langle X,R\rangle$ es una clase densa (o.p) y numerable) $\rightarrow \langle X,R\rangle$ no es continua.

Demostración:

Basta aplicar 6.5.13.

6.5.15. DEFINICION: Densidad.

Y es R-densa en X $\equiv \{Y \subseteq X \wedge (\forall \mu)(\forall v)((\mu, v \in X \wedge \mu \neq v) \rightarrow$ $(\exists w)\ [w \in Y \wedge w \neq \mu \wedge w \neq v \wedge ((\mu R w \wedge w R v)$ ó $(v R w \wedge w R \mu))])\}$

O sea, Y es R-densa en X si existe un elemento de Y entre cada par de distintos elementos de X.

6.5.16. TEOREMA:

$(\exists X)$(Y es R-densa en X) $\rightarrow$ Y es R-densa.

Demostración:

Por 6.5.15 y 6.5.1.

6.5.17. TEOREMA:

($\langle X,R\rangle$ es una clase (o.p) $\wedge$ $(\exists Y)$(Y es R-densa en X)) $\rightarrow \langle X,R\rangle$ es una clase (o.l).

6.5.18. TEOREMA:

$[(a) \wedge (b) \wedge (c)] \rightarrow \langle X,R\rangle \cong \langle Y,S\rangle$; donde:

(a) (($\langle X,R\rangle$ y $\langle Y,S\rangle$ son clases continuas (o.p)) y R, S reflexivas).

(b) $\neg(\exists \mu)$(μ es el R-primer elemento de X ó el R-último elemento de X ó el S-primer elemento de Y ó el S-último elemento de Y).

(c) $(\exists X_0)(\exists Y_0)(X_0, Y_0$ numerables $\wedge X_0$ es R-densa en $X \wedge Y_0$ en densa en Y.

NOTA:

Este teorema caracteriza los números reales con $R \equiv \leq$. O sea cualquier clase que verifique las hipótesis de 6.5.18. es isomorfa a los números reales con el orden "$\leq$".

Demostración:

Supongase $<X,R>$ y $<Y,S>$ satisface las hipótesis y X_0, Y_0 son numerables, donde $X_0 \subseteq X$, $Y_0 \subsetneq Y$.

Veamos primero que ni X_0 ni Y_0 tienen primer ó último elemento. Para esto supongase μ es el R-primer elemento de X_0. Entonces como X no tiene R-primer elemento, existe $v \in X$ tal que $v \neq \mu$ y $v R \mu$. Pero X_0 es R-densa en X, así existe un elemento $w \in X_0$, $w \neq \mu$ y $w R \mu$. Esto contradice el hecho que μ es el R-primer elemento de X_0. Las demostraciones son similares para el R-último elemento de X_0, el S-primer ó último elemento de Y_0. Por tanto $<X_0,R>$ y $<Y_0,S>$ son clases densas numerables reflexivas sin primer ó último elemento, por 6.5.4, $<X_0,R> \cong <Y_0,S>$

Por 6.5.14, $<X_0,R>$ no es continua, pero por hipótesis $<X,R>$ es continua, por tanto $X_0 \neq X$. Sea $x \in X \sim X_0$, construyase una partición de X_0 así:

$$X_{01} \doteq \{\mu | \mu \in X \wedge \mu R x\}, \; X_{02} = X_0 \sim X_{01}.$$

Entonces $<X_{01}, X_{02}, R>$ es un hueco en X_0. Además, como X_0 es densa en X, existe un único elemento de X entre

X_{01} y X_{02}. En consecuencia, cada elemento de $X \sim X_0$ esta univocamente determinado por un hueco en $< X_0, R >$.

Conversamente, cada hueco en $< X_0, R >$ determina un elemento de $X \sim X_0$.

Supongamos que la partición de X_0 en X_{01} y X_{02} es un hueco y no existe elemento de X entre X_{01} y X_{02}.

Sea $X_1 = \{\mu | \mu \in X \wedge (\exists v)(v \in X_{01} \wedge \mu R v)\}$; $X_2 = X \sim X_1$

Entonces la partición de X en X_1, y X_2 es un hueco, contradiciendo el hecho que $< X, R >$ es continua.

Puesto que los huecos se conservan bajo isomorfismos, los isomorfismos entre $< X_0, R >$ y $< Y_0, S >$ se extienden a un isomorfismo entre $< X_0, R >$ y $< Y_0, S >$

6.5.19. DEFINICION: Tipo λ

$< X, R >$ es del tipo $\lambda \equiv$ [$< X, R >$ es una clase continua (o.p) y R-reflexiva y $\neg(\exists \mu)$(μ es el R-primer ó último elemento de X) y $(\exists X_0)$(X_0 es numerable y X_0 es R-densa en X)]

6.5.20. TEOREMA:

($< X, R >$ es una clase continua (o.p) y R-reflexiva) $\rightarrow$ $(\exists Y)(Y \subseteq X \wedge < Y, R >$ es del tipo λ)

Demostración:

Sea $< X, R >$ una clase continua (o.p) y R-reflexiva. Por 6.5.11, $< X, R >$ es densa. Por 6.5.6, existe $Y \subseteq X$

tal que $\langle Y,R\rangle$ es del tipo η; y por 6.5.13, existe una partición de Y en Y_0, Y_1 la cual es un hueco. Debe existir un elemento de X entre Y_0 y Y_1. Para demostrar esto, supongamos:

$$X_0 = \{\mu \mid \mu \in X \wedge (\exists v)(v \in Y_0 \text{ y } v R \mu)\}$$

$$X_1 = \{\mu \mid \mu \in X \wedge (\exists v)(v \in Y_1 \text{ y } \mu R v)\}$$

Entonces la partición de X en X_0 y X_1 es un hueco. Contradiciendo el hecho de que $\langle X,R\rangle$ es continua.

Para cada hueco en $\langle Y,R\rangle$, seleccionemos un elemento de X el cual está entre las dos clases en la partición. Sea Z la clase de todos estos elementos y sea $W = Y \cup Z$. Por tanto $\langle W,R\rangle$ es del tipo λ, puesto que por construcción todos los huecos han sido llenados.

CAPITULO VII

NUMEROS ORDINALES

7. 1. IDEA INTUITIVA DE LOS ORDINALES.

El conteo de los números naturales comienza con 0, el cual identificamos con la clase ϕ. $1=0^+$, $2=1^+$; $3=2^+,\ldots,$ etc.

Con la definición de sucesor (4.1.1) $x^+ = x \cup \{x\}$, se hace natural pensar si no es util ó posible continuar el proceso de conteo más allá de los número naturales. Es decir el conteo comienza con ω y definamos:

$$\omega + 1 = \omega^+$$

$$\omega + 2 = (\omega+1)^+$$

$$(\omega+ 3) = (\omega+2)^+, \ldots \text{ etc.}$$

Sea $x = \{\omega+n \mid n \in \}$, la existencia de x se garantiza por el teorema de recursión, y x es un conjunto por que $x \approx \omega$.

Definase $\omega 2 = \omega+\omega = x \cup \omega = \cup x$

Así se puede continuar con el proceso del conteo.

$\omega.2 + 1, \omega 2 + 2, \ldots, \omega.3, \ldots, \omega.4, \ldots, \omega.\omega = \omega^2$

$\omega^2+1, \omega^2+2, \ldots, \omega^2+\omega, \omega^2+\omega+1, \omega^2+\omega+2, \ldots, \omega^2+\omega.2, \ldots, \omega^2+\omega^3, \ldots,$

$\omega^2.2, \ldots, \omega^2.3 \ldots, \omega^3, \ldots, \omega^4, \ldots \omega^\omega, \ldots$ etc.

Los números naturales son llamados "números ordinales finitos", y los siguientes "números ordinales infinitos".

Como se observa se pretende que la clase de los números ordinades, que denotaremos con "On" sea una clase susesor (4.1.4); o sea.

(1) $0 \in On$ y (2) $x \in On \rightarrow x^{+} \in On$, pero además con la propiedad (3) $x \in On \rightarrow \cup x \in On$.

7.2. ORDINALES: (Versión de J. Von Neuman y K. Gödel)

Un ordinal es una clase bien ordenada (b.o) por la relación de elementos "$\in$". Sin embargo, "$\in$" no es una relación en el sistema NBG. No es una clase de pares ordenados. De hecho átomos y conjuntos pueden ser elementos de clases propias.

Así "$\in$" es una relación meta-matemática, y para trabajar con "$\in$" en la teoría NBG con una relación, se debe definir como una clase de pares ordenados.

7.2.1. DEFINICION: $E = \{(\mu, v) | \mu \in v\}$

7.2.2. DEFINICION:

(a) X es un ordinal $\equiv$ ($\langle X.E \rangle$ es una clase (b.o) $\wedge E|X$ es irreflexiva $\wedge$ X es transitiva).

(b) X es un número ordinal $\equiv$ (X es un ordinal $\wedge C(X)$)

(c) $On = \{\mu | \mu$ es un número ordinal$\}$

NOTA: De ahora en adelante se utilizará el alfabeto griego para los elementos de On.

7.2.3. TEOREMA:

(a) $\alpha \notin \alpha$ (b) $\alpha \notin \beta$ ó $\beta \notin \alpha$

Demostración:

(a) Como $E|\alpha$ es irreflexiva entonces $\alpha \notin \alpha$.

(b) Supongase que $\alpha \in \beta$ y $\beta \in \alpha$. Como α y β son transitivos, esto implica $\alpha \subseteq \beta$ y $\beta \subseteq \alpha$, por tanto $\alpha = \beta$. Contradiciendo (a).

7.2.4. TEOREMA:

(a) $0 \in On$ (b) $\alpha \in On \rightarrow \alpha^+ \in On$

Demostración:

(a) 0 es un ordinal porque no posee elementos, por tanto satisface todos las propiedades 7.2.2.a vacuamente. Además, por 4.1.3, 0 es un conjunto.

(b) Supongase $\alpha \in On$. Entonces α es un conjunto y puesto que $\alpha^+ = \alpha \cup \{\alpha\}$, entonces α^+ es un conjunto. Para todo $\beta \in \alpha^+$ tal que $\beta \neq \alpha$, $\beta \in \alpha$.

Además, de 7.2.3.b, si $\beta \in \alpha$ entonces $\alpha \notin \beta$. Por tanto α es el E-último elemento de α^+. De aquí, puesto que $\langle \alpha, E \rangle$ es un conjunto (b.o), también lo es $\langle \alpha^+, E \rangle$. También, como $E|\alpha$ es irreflexiva, $\alpha \notin \alpha$. Por tanto,

$E|\alpha^+$ es irreflexiva. Falta demostrar que α^+ es tran-
sitiva. Supongase $\mu \in \alpha^+$ entonces $\mu = \alpha$ ó $\mu \in \alpha$. Si $\mu = \alpha$. en
tonces $\mu \subseteq \alpha^+$. Si $\mu \in \alpha$ entonces $\mu \subseteq \alpha$, puesto que α es tran
sitivo. Pero $\alpha \subseteq \alpha^+$, por tanto, $\mu \subseteq \alpha^+$. En consecuencia
α^+ es transitivo.

7.2.5. <u>TEOREMA</u>: (a) $\omega \subseteq On$; (b) $\omega \in On$.

El cual enuncia que todo número natural es un número ordinal, y que ω es un número ordinal.

Demostración:

(a) De 7.2.4, tenemos que On es una clase sucesor, puesto que ω es la más pequeña clase sucesor (4.16), tenemos entonces $\omega \subseteq On$.

(b) De 4.17, ω es un conjunto, y por 4.1.13 ω es transitivo. Por 4.2.2. todo subconjunto no vacío de ω tiene un E-primer elemento, y este es único, por 4.1.15. Por tanto, por 6.2.4, $\langle \omega, E \rangle$ es una clase (b.o). Además $E|\omega$ es irreflexiva por 4.1.14.

7.2.6. <u>TEOREMA</u>:

$(X \wedge Y$ son ordinales $\wedge \langle X, E\rangle \cong \langle Y, E\rangle) \to X = Y$.

O sea si dos ordinales son isomorfas entonces son identicos.

<u>Demostración</u>:

Por inducción transfinita. Supongase X,Y satisfacen la hipótesis.

Sea F un isomorfismo de X sobre Ym y sea

$Z = \{\mu \mid \mu \in X$ y $\mu = F(\mu)\}$.

Se demostrará que $Z = X$. Supongase $Z \subset X$. Sea v el E-primer elemento de $X \sim Z$. Por tanto.

(1) $(\forall \mu)(\mu \in v \to \mu = F(\mu))$.

Veamos existe una contradicción demostrando que $v = F(v)$.

Supongase $\mu \in v$. Entonces como F es un isomorfismo, $F(\mu) \in F(v)$. Por (1), $F(\mu) = \mu$, así $\mu \in F(v)$. Conversamente, supongase $\mu \in F(v)$. Entonces $\mu \in Y$, así que hay $w \in X$ tal que $F(w) = \mu$. Pero como F es un isomorfismo, $F(w) \in F(v)$ implica que $w \in v$. De (1), $w \in v$ implica que $F(w) = v$. Así $\mu = w$ y $\mu \in v$. De aquí, se demostró que $v = F(v)$, contradiciendo la definición de v. En consecuencia $Z = X$.

7.2.7. <u>TEOREMA</u>: α es finito $\to \alpha \in \omega$.

O sea todo ordinal finito es un número natural.

Demostración:

Supongase α es un ordinal finito. Entonces existe un número natural tal que $n \approx \alpha$. El 7.2.4. implica que $n \in On$. $<\alpha, E>$ y $<n, E>$ con conjuntos (b.o), por tanto, por 6.4.7, o son isomorfos, ó uno de ellos es isomorfo a un segmento inicial del otro. Si uno es isomorfo a un segmento inicial del otro, entonces como $\alpha \approx n$, entonces un segmento inicial de α ó de n, es equipotente a un segmento inicial de si mismo.

Lo cual contradice a 5.17. En consecuencia $<\alpha, E> \cong (n, E)$

y por tanto $\alpha = n$ debido a 7.2.6.

7.2.8. TEOREMA:

$$(X \text{ es un ordinal} \wedge \mu \in X) \rightarrow [(a)\ \mu \in On \wedge (b)\ \mu = S_{XE}(\mu)]$$

Demostración:

(a) Supongase X es un ordinal y $\mu \in X$. Así, la transitividad de X implica $\mu \subseteq X$. En consecuencia, como μ es un elemento y una clase, μ es un conjunto. Además, como $<X, E>$ es una clase (b.o) y $E|X$, es irreflexiva, $\mu \subseteq X$ implica $<\mu, E>$ es una clase (b.o) y $\mu|E$ es irreflexiva. Por tanto, sólo falta demostrar que μ es transitiva. Supongase $v \in \mu$ y $w \in v$. Como $\mu \in X$ y X es transitiva, $v, w \in X$. Pero $E|X$ es transitiva. De aquí $w \in v$ y $v \in \mu$ implica $w \in \mu$. Lo cual demuestra que $v \subseteq \mu$. Por tanto μ es transitiva.

(b) Supongase X es un ordinal y $\mu \in X$. Si $v \in \mu$ entonces como X es transitiva $v \in X$. Así, $v \in \mu$ implica que $v \in X$ y $v E \mu$. Por tanto la irreflexibilidad de $E|X$ implica $v \in S_{XE}(\mu)$ la conversa es clara, si $v \in S_{XE}(\mu)$ entonces $v \in \mu$.

7.2.9. COROLARIO: On es transitiva

Demostración:

Sea $\alpha \in On$. Entonces α es un ordinal, así de 7.2.8.a si $\mu \in \alpha$ entonces $\mu \in On$. Por tanto $\alpha \subseteq On$.

7.2.10. TEOREMA: $E|On$ es irreflexiva.

Demostración:

Supongase $\alpha \in On$. Entonces, por 7.2.3.b, $\alpha^+ \in On$. Por tanto $E|\alpha^+$ es irreflexiva. Pero $\alpha \in \alpha^+$. En consecuencia $\alpha \notin \alpha$.

7.2.11. TEOREMA: $\langle On, E \rangle$ es una clase (b.o).

Demostración:

Supongase $\alpha \in \beta$ y $\beta \in \alpha$. Como α y β son transitivas entonces de la irreflexibilidad de $E|On$ se tiene:

(1) $\alpha \in \beta \rightarrow \alpha \subset \beta$; (2) $\beta \in \alpha \rightarrow \beta \subset \alpha$

Por tanto de (1) tenemos (3) $\alpha \in \beta \rightarrow (\forall\gamma)(\gamma \in \alpha \rightarrow \gamma \in \beta)$; y de (2) tenemos (4) $\beta \in \alpha \rightarrow (\exists\gamma)(\gamma \in \alpha \wedge \gamma \notin \beta)$. Entonces (3) y (4) son contradictorias.

En consecuencia no es posible $\alpha \in \beta$ y $\beta \in \alpha$. Por tanto $E|On$ es antisimétrica.

Ahora, a causa de 6.2.6.a sólo falta demostrar que toda subclase no vacía de On tiene un E-primer elemento. Supongase $X \subseteq On$ y $X \neq \phi$. Entonces existe un número ordinal $\alpha \in X$. Si α es el E-primer elemento de X, todo esta demostrado. Supongase que α no es el E-primer elemento de X. Entonces existe $\beta \in X$ tal que $\beta \in \alpha$. En consecuencia $\alpha \cap X \neq \phi$. Puesto que $\alpha \cap X \subseteq \alpha$ y $\alpha \cap X \neq \phi$ y E bien ordena a α, entonces $\alpha \cap X$ tiene un E-primer elemento γ. Este elemento γ es el primer elemento de X. Supongamos que no es así.

Supongase existe $\beta \in X$ tal que $\beta \in \gamma$. Como $\gamma \in \alpha$ y On es transitiva, $\beta \in \alpha$. Pero entonces $\beta \in X$, y $\beta \in \alpha$, así que $\beta \in \alpha \cap X$. Por tanto, $\beta \in \gamma$. Contradiciendo el hecho de que γ es el E-primer elemento de $\alpha \cap X$.

.

7.2.12. <u>TEOREMA</u>: On es un Ordinal

Demostración:

Por 7.2.9 ; 7.2.10 y 7.2.11.

7.2.13. <u>TEOREMA</u>: Tricotomía de los ordinales

$$\alpha \in \beta \text{ ó } \alpha = \beta \text{ ó } \beta \in \alpha$$

Demostración:

Por 7.2.12, y que E es conexa en On.

7.2.14. <u>COROLARIO</u>: $x \subseteq On \rightarrow (x \in On \longleftrightarrow x \text{ es transitiva})$

7.2.15. <u>TEOREMA</u>: $x \subseteq On \rightarrow \bigcup x \in On$.

Demostración:

Supongase $x \subseteq On$. Entonces x es un conjunto, así qué $\bigcup x$ es también un conjunto. Supongase que $\mu \in \bigcup x$. Entonces $\exists \alpha \in x$ tal que $\mu \in \alpha$. Puesto que On es transitiva, $\mu \in On$. Así $\bigcup x \subseteq On$. Por tanto por 7.2.14, para demostrar que $\bigcup x$ es un ordinal baste demostrar que $\bigcup x$ es transitiva.

Supongase $\alpha \in \bigcup x$. Entonces existe $\gamma \in x$ tal que $\alpha \in \gamma$. Supongase $\beta \in \alpha$. Como On es transitiva, $\beta \in \alpha$ y $\alpha \in \gamma$ implica que $\beta \in \gamma$.

Por tanto $\beta \in Ux$, lo cual implica que $\alpha \subseteq Ux$.

7.2.16. TEOREMA: Pr (On)

Demostración:

Si On es un conjunto, entonces por 7.2.12 tenemos que On es un número ordinal. Así, si On es un conjunto tenemos que On $\in$ On, pero esto contradice la irreflexibilidadde $E|On$.

Por tanto On no es un conjunto, y On es una clase propia.

Antes de la axiomatización de la teoría de conjuntos de Cantor se suponía que On era un conjunto, lo cual conducia a la paradoja ya descrita (de Burati-Forti)

En el sistema NBG esta paradoja no existe, simplemente se deduce que On es una clase propia.

7.2.17. TEOREMA: $C(S_{On,E}(\alpha))$

O, sea todo E-segmento inicial de On es un conjunto.

Demostración: por 7.2.12 y 7.2.8.b.

7.2.18. TEOREMA: $S_{On,E}(\alpha) = \alpha$

7.2.19. TEOREMA: ($\langle X,R\rangle$ es una clase (b.o) $\wedge$ Pr(X)) $\rightarrow$ On $\leq$ X.

O, sea que On es la más pequeña clase propia bien ordenada.

Demostración:

Supongase $\langle X,R\rangle$ es una clase (b.o). Definase una relación S en X así:

$(\mu, v \in X$ y $\mu \neq v) \rightarrow (\mu S v \leftrightarrow \mu R v)$ y $(\mu \in X \rightarrow \neg \mu S \mu)$.

Entonces $\langle X, S \rangle$ es una clase (b.o) y $S|X$ es irreflexiva Por tanto, por 6.4.7, si On $\not\leq$ X, entonces $\langle X, S\rangle$ es isomorfa a un E-segmento inicial de On. Pero, por 7.2.17, cada E-segmento inicial de On es un conjunto. Lo cual contradice el hecho de que X es una clase propia.

7.2.20. TEOREMA:

$[\langle X,R\rangle$ es una clase (b.o) y $Pr(X)$ y $R|X$ es irreflexiva y $(\forall\mu)(\mu \in X \rightarrow C(S_{XE}^{(\mu)}))] \rightarrow X \underset{RE}{\cong} On$

O sea, toda clase propia (b.o) en la cual cada segmento inicial es un conjunto es isomorfa a On.

Demostración:

Supongase X satisface las hipótesis, pero X no es isomorfa a On. Entonces, por 6.4.7, o bien X es isomorfa a un E-segmento inicial de On ó On es isomorfa a un R-segmento inicial de X. La primera opción implica que X es un conjunto, y la segunda que On es un conjunto. Cualquier cosa es una contradicción. Por tanto $X \underset{RE}{\cong}$ On.

7.2.21. TEOREMA:

X es un ordinal $\leftrightarrow$ $(Cl(X) \wedge E$ es conexa en $X \wedge X$ es transitiva).

Demostración:

De 8.2.2.a, si X es un ordinal entonces X es una claSE Y E es conexa en X y X es transitiva.

Supongase ahora que, X es una clase, E es conexa en X y X es transitiva.

Del axioma de regularidad (3.6.7), si $\mu \in X$ entonces $\mu \notin \mu$. Por tanto $E|X$. es irreflexiva. Supongase $\mu, v \in X$, entonces, por 3.6.8, es imposible que $\mu \in v$ y $v \in \mu$. Así, $E|X$ es antisimétrica. Supongase ahora que $Y \subseteq X$ y $Y \neq \phi$. Por A9 existe $\mu \in Y$ tal que $\mu \cap Y = \phi$. Veamos que este μ es el E-primer elemento de Y. Supongase $w \in Y$ y $w \neq \mu$.

Puesto que E es concexa a Y, a bien $w \in \mu$. Si $w \in \mu$, puesto que $w \in Y$, entonces $w \in \mu \cap Y$. Pero $\mu \cap Y = \phi$. Asi $w \in \mu$ es imposible. Por tanto $\mu \in w$. En consecuencia μ es el E-primer elemento de Y.

De 6.2.6.a, por tanto $<X, E>$ es una clase (b.o), y por 7.2.2.a entonces X es un ordinal.

7.2.22. DEFINICION: Ordinales Límite.

(a) α es un ordinal límite $\equiv (\alpha \neq 0) \wedge \neg(\beta)(\beta^{+} = \alpha))$

(b) α no es un ordinal límite $\equiv (\alpha = 0 \vee (\exists \beta)(\beta^{+} = \alpha))$

7.2.23. TEOREMA: $\alpha \in \beta \rightarrow (\alpha^{+} \in \beta$ ó $\alpha^{+} = \beta)$

NOTA: El siguiente Teorema enuncia la condición necesaria y suficiente para que un número ordinal sea un número ordinal límite

7.2.24. TEOREMA:

α es un ordinal límite $\leftrightarrow (\alpha \neq 0 \wedge (\forall \beta)(\beta \in \alpha \rightarrow \beta^{+} \in \alpha)$

Supongase: α es un ordinal límite. Entonces $\alpha \neq 0$. Por 7.2.23 si $\beta \in \alpha$ entonces $\beta^{+} \in \alpha$ ó $\beta^{+} = \alpha$, para todo α.

Pero, si α es un ordinal límite entonces $\beta^+ \neq \alpha$. Por tanto $\beta^+ \in \alpha$.

Conversamente, supongase $\alpha \neq 0$, y para todo β, si $\beta \in \alpha$ entonces $\beta^+ \in \alpha$.

Si α no es un ordinal límite entonces, como $\alpha \neq 0$, existe γ tal que $\gamma^+ = \alpha$. En consecuencia, $\gamma \in \alpha$ pero $\gamma^+ \notin \alpha$. lo cual es una contradicción.

Así que α es un ordinal límite.

7.2.25. <u>TEOREMA</u>: $\alpha \neq 0 \rightarrow (\alpha \text{ es un ordinal límite} \leftrightarrow \bigcup\alpha = \alpha)$

7.2.26. <u>TEOREMA:</u> $\alpha \neq 0 \rightarrow (\alpha \text{ no es un ordinal límite} \leftrightarrow (\bigcup\alpha)^+ = \alpha$

7.2.27. <u>TEOREMA</u>: $\langle X, R \rangle$ es un conjunto (b.o) $\wedge$ $R|X$ es irreflexiva) $\rightarrow (\exists! \, \alpha)(\langle \alpha, E \rangle \cong \langle X, R \rangle)$.

<u>Nota</u>: Este teorema relaciona los números ordinales con los conjuntos (b.o). Es a causa de este teorema que se puede hablar de "el número ordinal de un conjunto (b.o).

Demostración:

La unicidad surge de 7.2.6. Para probar la existencia, sea $\langle X, R \rangle$ un conjunto (b.o) tal que $R|X$ es irreflexiva. Entonces, por 6.4.7. o bien

(1) $\langle X, R \rangle \cong \langle On, E \rangle$; ó

(2) $\langle On, E \rangle \cong$ R-segmento inicial de $\langle X, R \rangle$, ó

(3) $\langle X, R \rangle \cong$ R-segmento inicial de $\langle On, E \rangle$

Las posibilidades (1) y (2) son imposibles, pues implicarían que On es un conjunto. Por tanto se verifica (3), y por 7.2.18, X es isomorfa un número ordinal.

NOTA: Si $<x,R>$ es un conjunto (b.o) y $R|x$ es un irreflexiva entonces el único número ordinal α tal que $<x,R> \cong <\alpha, E>$ se llama "el número ordinal de $<x,R>$ y se denota por $\alpha = \overline{<x,R>}$. Si $R|x$ no es irreflexiva, entonces simplemente se define $\overline{<x,R>} = \overline{<x,R \sim I>}$; puesto que $R \sim I$ es siempre irreflexiva. I es la relación identidad.

7.2.28. DEFINICION: Número Ordinal de un conjunto (b.o)

$$(<x,R> \text{ es un conjunto (b.o)} \wedge <x,R \sim I> \cong <\alpha,E>) \rightarrow \overline{<x,R>} = \alpha$$

NOTA: Con frecuencia esta notación "$\overline{<x,R>}$" se reemplaza por "$\overline{x}$". Sin embargo se debe recordar que si $<x,R>$ y $<x,S>$ son conjuntos (b.o) entonces no nesesariamente es cierto que $\overline{<x,R>} = \overline{<x,S>}$. Ya que si $x = \omega$ y $R \equiv <$, y S define así:

$$(\forall m)(\forall n)(m,m\omega \sim \{o\} \rightarrow (mSn \leftrightarrow m<n)) \wedge (\forall m)(m \in \omega \sim \{o\} \leftrightarrow mSo) \wedge \neg oSo$$

Entonces $\overline{<x,R>} = \omega$, pero $\overline{<x,S>} = \omega^+$

7.2.29. TEOREMA: $\overline{<\alpha, E>} = \alpha$,

es consecuencia de 7.2.28.

7.3. EL TEOREMA DE RECURSION TRANSFINITA.

En la sección 4.3 se dedujo un teorema de recursión usando el principio de inducción matemática. Se demostró que si una función está definida en 0, y siempre que la función este definida en n se pueda determinar su valor para n+1 entonces la función se puede evaluar para todo $n\in\omega$. Luego se demostró que siempre que la función este definida para todos los valores menores que n, y se pueda evaluar la función en n, entonces la función existe para todo $n\in\omega$.

Es lógico pensar si un principio parecido no se puede extender a la clase On, utilizando el principio de inducción transfinita.

Este el el siguiente paso.

7.3.1. TEOREMA DE RECURSION TRANSFINITA I.

$(Fn(F_1) \wedge D(F_1) = V \wedge \mu_1 \in V) \rightarrow (\exists ! G_1)((a)\wedge(b)\wedge(c)\wedge(d)\wedge(e))$,

donde: (a) $Fn(G_1)$

(b) $D(G_1) = On$

(c) $G_1(o) = \mu_1$

(d) $(\forall\alpha)(G_1(\alpha^+) = F_1(G_1(\alpha)))$

(e) $(\forall\alpha)(\alpha$ es un ordinal límite $\rightarrow G_1(\alpha) = \bigcup G_1''\alpha$

7.3.2. TEOREMA DE RECURSION TRANSFINITA II.

$(Fn(F_2)\wedge Fn(G_2)\wedge D(F_2)=D(G_2) = V\wedge \mu_2 \in V) \rightarrow (\exists ! H_2)((a)\wedge(b)\wedge$ $(c)\wedge(d)\wedge(e))$, donde:

(a) $Fn(H_2)$

(b) $D(H_2) = On$

(c) $H_2(o) = \mu_2$

(d) $(\forall\alpha)(H_2(\alpha^+) = F_2(H_2(\alpha)))$

(e) $(\forall\alpha)$(α es un ordinal límite $\rightarrow H_2(\alpha) = G_2(H_2|\alpha)$)

7.3.3. TEOREMA DE RECURSION TRANSFINITA III

$(Fn(F_3) \wedge D(F_3) = V) \rightarrow (\exists! \ G_3)(a) \wedge (b) \wedge (c)$, donde:

(a) $Fn(G_3)$

(b) $D(G_3) = On$

(c) $(\forall\alpha)(G_3(\alpha) = F_3(G_3|\alpha))$

7.3.4. TEOREMA DE RECURSION TRANSFINITA IV

$(Fn(F_4) \wedge D(F_4) = V) \rightarrow (\exists! \ G_4)((a) \wedge (b) \wedge (c))$, donde:

(a) $Fn(G_4)$

(b) $D(G_4) = On$

(c) $(\forall\alpha)(G_4(\alpha) = F_4(G''_4\alpha))$

NOTA: En estos cuatro teoremas los dominios de las funciones no necesariamente debe ser V, sino el necesario, para un problema en particular.

Se demostrara que estos teoremas son equivalentes entre si, de la siguiente forma:

$7.31 \rightarrow 7.33 \rightarrow 7.34 \rightarrow 7.32 \rightarrow 7.31$

Demostración de 7.3.1. Para demostrar la unicidad, supongamos existe G_1, H_1 tales que satisfacen las cinco condiciones (a) - (e).

Sea α el E- primer número ordinal tal que $G_1(\alpha) \neq H_1(\alpha)$. a s í de (e) $\alpha \neq 0$. Supongase que α no es un ordinal límite. Entonces existe β tal que $\beta^+ = \alpha$. Puesto que α es el E-primer ordinal tal que $G_1(\alpha) \neq H_1(\alpha)$ y $G_1(\beta) = H_1(\beta)$. De (d) tenemos, $G_1(\beta^+) = F_1(G_1(\beta)) = F_1(H_1(\beta)) = H_1(\beta^+)$. Por tanto, $G_1(\alpha) = H_1(\alpha)$, lo cual es una contradicción.

Supongase α es un ordinal límite. Por la definición de α, $G_1'' \alpha = H''_1 \alpha$.

Por tanto, por (e): $G_1(\alpha) = \cup G_1'' \alpha = \cup H_1'' \alpha = H_1 \alpha$, lo cual también es una contradicción, así $G_1 = H_1$.

Demostración de la existencia.

Definase H de la siguiente forma:

$$H = \{ h \mid Fn(h) \wedge (\exists \alpha)(\alpha \neq 0 \wedge D(h) = \alpha \wedge h(o) = \mu_1 \wedge$$

$$(\forall \beta)(\beta^+ \in \alpha \rightarrow h(\beta^+) = F_1(h(\beta))) \wedge (\forall \beta)((\beta \in \alpha \wedge \beta \text{ es un ordinal límite}) \rightarrow h(\beta) = \cup h'' \beta)] \}$$

Definase ahora $G_1 = \cup H$, esta es la función requerida (ver los lineamientos de 4.3.1)

Demostración: 7.3.2 $\rightarrow$ 7.3.1; basta entonces $G_2(H_2|\alpha) = \cup R(H_2|\alpha)$

Demostración: 7.3.3 $\rightarrow$ 7.3.4, basta tomar $F_3(G_3|\alpha) = F_4(R(G_3|\alpha))$, seguir los lineamientos de 4.3.2 $\rightarrow$ 4.3.3)

Demostración: 7.3.1 → 7.3.3. (seguir los lineamientos de 4.3.1 → 4.3.2).

Sea F_3 tal que satisface las hipótesis de 7.3.3. El 7.3.1 implica que existe una única G tal que:

$Fn(G)$

$D(G) = On$

$G(o) = 0$

$(\forall\alpha)\ (G(\alpha^+) = G(\alpha) \cup \{(\alpha, F_3(G(\alpha)))\}$

$(\forall\alpha)\ (\alpha$ es un ordinal límite $\rightarrow G(\alpha) = \bigcup G''\alpha$

En consecuencia $G_3 = \bigcup_{\alpha \in On} G(\alpha)$ es la función requerida. La unicidad de G_3 se deduce por inducción transfinita.

Demostración: 7.3.4 → 7.3.2 (Ver 4.3.3. → 4.3.1)

Sea F_2 , G_2 tales que satisfacen las hipotesis de 7.3.2. Se construirá una función F_4 tal que $H_2|\alpha = G_4''\alpha$.

Definase F_4 así:

$$F_4(x) = \begin{cases} (0, \mu_2), \text{ si } (Fn(x) \wedge D(x) = 0) \\ (\alpha^+, F_2(x(\alpha))), \text{ si } Fn(x) \wedge D(x) = \alpha^+ \\ (\alpha, G_2(\alpha)), \text{ si } (Fn(x) \wedge D(x) = \alpha \wedge \text{es un ordinal límite.} \end{cases}$$

Entonces por 7.3.4 existe G_4 tal que:

$Fn\ (G_4)$

$D(G_4) = On$

$(\forall\alpha)(G_4(\alpha) = F_4(G_4''\alpha)$

Definase ahora $H_2 = \bigcup_{\alpha\in On} G_4''\alpha$, esta es la función requerida, y es única por inducción finita.

7. 4. RANK

La noción de Rank de un conjunto fué definida Marimanoff en 1917 y ampliada por Tarski.

El Rank es una función designada por "ρ", tal que para cada $x \in D(\rho)$ entonces $\rho(x) \in On$. Asumiendo el axioma de la regularidad se demostró que para todo elemento del universo posee un rank. O sea todo elemento en el universo pertenece al dominio de ρ. Más aún si se supone que la clase de átomas es un conjunto, se demostrará que la clase de todos los elementos que poseen rank es un conjunto; y por tanto el universo es una partición de clase de conjuntos tales que dos elementos pertences a un mismo conjunto en la partición sii poseen el mismo rank.

En la sección 4.3.4 se definio el ancestral $N(x)$, de la siguiente forma $N(x) = \bigcup_{n\in\omega} f(n)$; donde $D(f) = \omega$; $f(o)=x$, y para todo $n\in\omega$, $f(n^+) = \bigcup f(n)$.

NOTA: Una clase se definio como transitiva si todo elemento de la clase es un subconjunto de la clase.

Como N (x) puede contener átomos como elementos, entonces N(x)no puede ser transitiva. Sin embargo N(x) tiene una propiedad cercana a la transitividad.

7.4.1. <u>CLASES DEBILMENTE TRANSITIVAS</u> (d.t)

X es debilmente transitiva $\equiv (\forall \mu)(\forall v)((\mu \in X \wedge v \in \mu) \rightarrow v \in X)$

7.4.2. <u>TEOREMA</u>:

(a) $C(N(x))$

(b) $C(x) \rightarrow x \subseteq N(x)$

(c) $N(x)$ es (d.t)

(d) $(\forall Y)(x \subseteq Y \wedge Y$ es (d.t)$) \rightarrow N(x) \subseteq Y)$

(e) $A(x) \rightarrow N(x) = \phi$

(f) $\mu \in N(x) \leftrightarrow (\mu \in x \vee (\exists v)(v \in x \wedge \mu \in N(v)))$

O sea, si x es un conjunto, N(x) es el más pequeño conjunto transitivo que contiene a x como subconjunto.

7.4.3. <u>DEFINICION</u>: Clase Regular.

$$X \text{ es regular} \equiv [A(X) \vee X = \phi \vee (\exists \mu)(A(\mu) \wedge \mu \in X) \vee (\exists \mu)(\mu \in X \wedge \mu \cap X = \phi)]$$

O sea, una clase es regular si satisface el axioma de regularidad.

7.4.4. <u>DEFINICION</u>: Cantoriano

(a) x es cantoriano $\equiv (\forall y)(y \subseteq N(x) \rightarrow y$ es regular$)$
(b) $C = \{x \mid x \text{ es cantoriano}\}$

O sea, x es cantoriano si todo subconjunto del ancestral de x es regular.

No es dificil demostrar que todo átomo es cantoriano, el ϕ es cantoriano, y C es (d.t).

7.4.5. <u>TEOREMA</u>:

(a) $A(x) \rightarrow$ x es Cantoriano

(b) $\phi \in C$

(c) C es (d.t)

7.4.6. $A.9 \rightarrow C = V$

O sea si aceptamos el axioma de regularidad en el sistema NBG, entonces todo elemento es cantoriano.

Esta claro que si $y \subseteq N(x)$ entonces y es regular, porque o bien A(y) ó $y = \phi$ ó $(\exists\mu)(A(\mu) \wedge \mu \in y)$ ó y verifica a A.9. Por tanto x es cantoriano en consecuencia C=V.

7.4.5. <u>DEFINICION</u>: Clausura transitiva de E.

$E^* = \{x,y\} \mid x \in N(y)\}$:

E* es la clausura transitiva de E.

7.4.6. <u>TEOREMA</u>: E* es transitiva.

Demostración: Supongase xE^*y, yE^*z entonces $x \in N(y)$, $y \in N(z)$. Como N(z) es (d.t), $y \in N(z)$ implica que $y \subseteq N(z)$ ó y es un átomo.

Sin embargo puesto que $x \in N(y)$ se sigue de 7.4.2e que y no es un átomo. Por tanto, $y \subseteq N(z)$. Pero $N(y)$ es el más pequeño conjunto (d.t) que contiene a y como subconjunto. Por tanto, $y \subseteq N(z)$ implica que $N(y) \subseteq N(z)$. En consecuencia, $x \in N(y)$ implica que $x \in N(z)$. Por tanto xE^*z.

NOTA: E^* es la más pequeña relación transitiva que contiene E como subclase.

7.4.7. DEFINICION: Relación parcialmente bien ordenada (p.b.o)

R es una relación (p.b.o) en X $\equiv$

$[R|X$ es antisimétrica $\wedge ((\forall y)(Y \subseteq X \wedge Y \neq \phi) \rightarrow (\exists \mu)(\mu$ es un R-minimal elemento de $Y)))]$

$\langle X,R \rangle$ es una clase (p.b.o) $\equiv (Cl(X) \wedge R$ es un (p.b.o))

7.4.8. TEOREMA: R es una relación (p.b.o) $\rightarrow$ R es transitiva en X.

NOTA: Como se observa $\langle X,R \rangle$ es una clase (p.b.o) si $\langle X,R \rangle$ es una clase (o.p) y toda subclase no vacía de X tiene un R-elemento minimal.

7.4.9. TEOREMA: $\langle C,E^* \rangle$ es una clase (p.b.o)

Demostración:

Falta demostar que E^* es antisimétrica, ya que E^* es transitiva por 7.4.6. Basta demostrar. que E^* es irreflexiva. Puesto que una relación transitiva e irreflexiva es antisimétrica.

Supongase $E^*|C$ no es irreflexiva.

Por tanto existe $x \in C$ tal que xE^*x.

Sea $z = \{y \mid y \in C \wedge yE^*x \wedge xE^*y\}$

Entonces $x \in z$ y $z \subseteq N(x)$. Por tanto como x es Cantoriano, existe $y \in z$ tal que:

(1) $y \cap z = \phi$.

Puesto que $y \in z$ entonces $x \in N(y)$. De aquí, por 7.4.2f, o bien:

(2) $x \in y$, ó

(3) $(\exists\mu)(\mu \in y \wedge x \in N(\mu))$

Si (2) es cierta, entonces como $x \in z$ tendríamos $x \in y \cap z$, contradiciendo (1).

Supongamos es cierto (3). Puesto que N(x) es (d.t), si $\mu \in y$, y, $y \in N(x)$ entonces $\mu \in N(x)$. Por tanto, si $x \in N(\mu)$ tendriamos $\mu \in z$. Pero también es cierto que $\mu \in y$. Así $\mu \in y \cap z$, lo cual contradice a (1)

Para completar la demostración hay que demostrar que toda subclase no vacía de C tiene un E^*-minimal elemento.

Supongase que $X \subseteq C$ y $X \neq \phi$, sea $\mu \in X$. Si μ es un E^*-minimal elemento de X entonces el teorema es cierto. Si no, entonces existe $v \in X$ tal que $v \in N(\mu)$.

Sea $y = \{v \mid v \in N(\mu) \wedge N(v) \cap X \neq \phi\}$

Si $y = \phi$ entonces para todo $v \in N(\mu)$, $N(\mu) \cap X = \phi$. Lo cual implica que todo elemento de $N(\mu)$ es un E^*-minimal elemento de X.

Supongase $y \neq \phi$. Puesto que μ es cantoriano y, $y \subseteq N(\mu)$ entonces existe $v \in y$ tal que:

(4) $v \cap y = \phi$

$N(v) \cap X \neq \phi$ por que $v \in y$. Supongase $w \in N(v) \cap X$. Si $w \notin v$ entonces, por 7.4.2.f, existe $t \in v$ tal que $w \in N(t)$, de aqui, $N(t) \cap X \neq \phi$ por que $w \in N(t) \cap X$, por tanto $t \in v \cap y$. Lo cual contradice a (4).

En consecuencia, $w \in v$. Si $N(w) \cap X \neq \phi$ entonces, como $N(\mu)$ es (d.t), $w \in v \cap y$, contradiciendo (4). Por tanto se tiene $N(w) \cap X = \phi$, lo cual implica w es E^{*}-minimal elemento de X.

7.4.10. TEOREMA: $x \in C \rightarrow S^{(x)}_{CE^*} = N(x)$

7.4.11. TEOREMA: $x \in C \rightarrow C(S^{(x)}_{CE^*})$

Demostración: Supongase $x \in C$, entonces

$S^{(x)}_{CE^*} = \{y | y \in C \wedge y \in N(x)\} \subseteq N(x)$, por tanto por 7.4.2.a,

$S^{(x)}_{CE^*}$ es un conjunto (ver teorema anterior).

7.4.12. TEOREMA:

$[\langle X,R\rangle$ es una clase (p.b.o) $\wedge\ Y \subseteq X \wedge (\forall\mu)((\mu \in X \wedge S_{XR}(\mu) \subseteq Y)] \rightarrow Y = X$

NOTA: Como se observa el principio de inducción transfinita se mantiene si se sustituye la clase $\langle x,R\rangle$ (b.o) por $\langle x,R\rangle$ (p.b.o)

7.4.13. <u>TEOREMA</u>:

$$\left[\langle Z,R\rangle \text{ es una clase (p.b.o)} \wedge (\forall\mu)(\mu\in Z \rightarrow C(S_{ZR}(\mu))) \wedge Fn(F) \wedge D(F) = V\right] \rightarrow (\exists! G)((a)\wedge(b)\wedge(c)) \text{ ; donde}$$

(a) $Fn(G)$

(b) $D(G) = Z$

(c) $(\forall\mu)(\mu\in Z \rightarrow G(\mu) = F(G''S_{ZR}(\mu))$

Demostración: ver 7.4.8 y 7.4.12.

7.4.14. <u>TEOREMA</u>:

$$(\exists!\rho)\left[Fn(\rho) \wedge D(\rho) = C \wedge (\forall x)(x\in C \rightarrow \rho(x) = \rho''S_{CE^*}(x))\right]$$

Demostración: Por 7.4.9, 7.4.10, 7.4.13.

7.4.15. <u>DEFINICION</u>: Rank

(a) $Fn(\rho)$

(b) $D(\rho) = C$

(c) $(\forall x)(x\in C \rightarrow \rho(x) = \rho''S_{CE^*}(x))$.

"$\rho(x)$" denota al "Rank de x"

<u>NOTA</u>: De la definición 7.4.15.C tenemos que para todo $x\in C$, $\rho(x) = \{\rho(\mu) \mid \mu\in C \wedge \mu E^*_x\}$

Además asumiendo el axioma de regularidad y por 7.4.6 y 7.4.4 tenemos que todo elemento tiene Rank, o sea.

7.4.16. <u>TEOREMA</u>: $D(\rho) = V$

7.4.17. <u>TEOREMA</u>: $R(\rho) \subseteq On$

Demostración:

Supongase $R(\rho) \nsubseteq On$.

Entonces $Z = \{y \mid y \in C \wedge \rho(y) \notin On\} \neq \phi$

Sea x un E^*-elemento minimal de Z. Entonces para todo $y \in C$, si $y E^* x$ entonces $\rho(y) \in On$. Puesto que $\rho(x) = \{\rho(y) \mid y \in C \wedge y E^* x\}$, $\rho(x)$ es un conjunto de numeros ordinales. Supongase $\alpha \in \rho(x)$, entonces $\alpha = \rho(y)$ para algún $y \in C$ tal que $y E^* x$. Si $\beta \in \alpha$ entonces $\beta = \rho(z)$, para algún $z \in C$, tal que $z E^* y$. Pero como E^* es transitiva, tenemos que $y E^* x$ y $z E^* y$ implican que $z E^* x$. Por tanto si $\beta \in \alpha$ entonces $\beta \in \rho(x)$. En consecuencia, $\rho(x)$ es un conjunto transitivo de números ordinales, y por tanto un número ordinal (ver 7.2.14); lo cual contradice la definición de x.

7.4.18. <u>TEOREMA</u>:

(a) $On \subseteq D(\rho)$

(b) $(\forall\alpha)(\rho(\alpha) = \alpha)$

(c) $R(\rho) = On$

7.4.19. <u>TEOREMA</u>:

$x \in C \rightarrow \rho(x) =$ E-primer elemento de $\{\beta \mid (\forall\mu)(\mu \in x \rightarrow \rho(\mu) < \beta)\}$

O sea el rank de x es el más pequeño número ordinal α tal que $\rho(\mu) < \alpha$, para todo $\mu \in x$.

Demostración:

Supongase $x \in C$.

Sea $Y = \{\beta \mid (\forall\mu)(\mu \in x \rightarrow \rho(\mu) < \beta)\}$

$Z = \{\beta \mid (\forall\mu)(\mu E^{*} x \rightarrow \rho(\mu) < \beta)\}$

Es facil ver que $\rho(x)$ es el E-primer elemento de Z. Pero $\rho(x)$ es también el E-primer elemento de Y, para lo cual basta demostrar que $Z \subseteq Y$ y para cada $\beta \in Y$ existe $\alpha \in Z$ tal que $\alpha \leq \beta$.

7.4.20. COROLARIO: $\rho(x) = 0 \leftrightarrow A(x) \vee x = \phi$

7.4.21. DEFINICION: La clase de los Atomos " Δ "

$$\Delta = \{x \mid A(x)\}$$

NOTA: Se ha definido la clase de los átomos para estudiar el concepto de rank desde otro punto de vista.

7.4.22. DEFINICION: $\tau(\alpha) = \{x \mid \rho(x) \leq \alpha\}$

NOTA: $\tau(\alpha)$ no es necesariamente una función, puesto que puede ser una clase propia.

7.4.23. TEOREMA: $\tau(\alpha) = \Delta \cup P(\bigcup_{\beta<\alpha} \tau(\beta))$; $\forall\alpha \in On$

Demostración:

Supongase que $x \in \tau(\alpha)$ y $x \notin \Delta$. Entonces $\mu \in x \rightarrow \rho(\mu) < \rho(x) \leq \alpha$. En consecuencia, $\mu \in \tau(\beta)$ para algún $\beta < \alpha$. Por tanto $x \subseteq \bigcup_{\beta<\alpha} \tau(\beta)$ ó $x \in P(\bigcup_{\beta<\alpha} \tau(\beta))$. Supongase ahora que $x \in \Delta \cup P(\bigcup_{\beta<\alpha} \tau(\beta))$. Si $x \in \Delta$ entonces, por 7.4.20, $\rho(x) = o$ así $x \in \tau(\alpha)$. Si $x \in P(\bigcup_{\beta<\alpha} \tau(\beta))$ entonces $x \subseteq \bigcup_{\beta<\alpha} \tau(\beta)$. En consecuencia para algún $\mu \in x$ existe $\beta<\alpha$ tal que $\mu \in \tau(\beta)$. Lo cual implica que:

$(\forall\mu)(\mu \in x \rightarrow (\exists\beta)(\beta<\alpha \wedge \rho(\mu) \leq \beta))$.

Por tanto, por 7.4.19, $\rho(x) \leq \alpha$, así $x \in \tau(\alpha)$.

EJEMPLOS: Cálculo de $\tau(\alpha)$

$$\tau(o) = \Delta \cup P(\bigcup_{\beta<o} \tau(\beta)) = \Delta \cup P(\phi) = \Delta \cup \{\phi\}$$

$$\tau(1) = \Delta \cup P(\bigcup_{\beta<1} \tau(\beta)) = \Delta \cup P(\tau(o)) = \Delta \cup P(\Delta \cup \{\phi\})$$

Por tanto, $\rho(x) = 1$ sii $x \neq \phi$ y $x \subseteq \Delta \cup \{\phi\}$. Así:

$$\tau(2) = \Delta \cup P(\Delta \cup \{\phi\} \cup P(\Delta \cup \{\phi\}))$$

Así, $\rho(x) = 2$ sii $x \neq \phi$, $x \not\subseteq \Delta \cup \{\phi\}$ y

$x \subseteq \Delta \cup \{\phi\} \cup P(\Delta \cup \{\phi\})$.

NOTA: Por inducción transfinita. Si Δ es un conjunto entonces también lo es $\tau(\alpha)$ para cada $\alpha \in On$

7.4.24. TEOREMA:

$$C(\Delta) \rightarrow [(\forall\alpha)(C(\tau(\alpha)) \wedge (\forall\alpha)(C(\{x|\rho(x) = \alpha\}))]$$

Demostración:

Por 7.4.22, si Δ es un conjunto entonces para cada $\alpha \in On$ $\{x|\rho(x) = \alpha\}$ es un conjunto

NOTA: El axioma de regularidad se utilizó en los teoremas anteriores, sólo para demostrar que $D(\rho) = V$, de otra forma sólo se hubiese obtenido $D(\rho) = C$.

7.4.25.TEOREMA: $(D(\rho) = V \wedge C(\Delta)) \rightarrow$

$$[Rel(R) \rightarrow (\exists T)(Rel(T) \wedge D(T) = D(R) \wedge T \subseteq R \wedge (\forall \mu)(\mu \in D(R) \rightarrow C(T''\{\mu\}))]$$

Demostración:

Supongase R es una relación. Definase a T de la siguiente forma:

$$T = \{ (\mu, v) \mid (\mu, v) \in R \wedge (\forall w)((\mu, w) \in R \rightarrow \rho(v) \leq \rho(w)) \}.$$

Asumiendose que $D(\rho) = V$ se sigue que $D(T) = D(R)$ y $T \subseteq R$.

Se sigue de la definición de T que $T''\{\mu\}$ es la clase de todos los elementos de más pequeño Rank, los cuales pertenecen a $R''\{\mu\}$. Así, si Δ es un conjunto entonces, por 7.4.24, tenemos que $T''\{\mu\}$ es un conjunto.

NOTA: En los axiomas AE2 y AE3 en sus hipótesis se especifica que ciertas clases puedan ser conjuntos. Ahora bien, si asumimos que $D(\rho) = V$ y que Δ es un conjunto entonces - sensillamente, de 7.4.25, estas condiciones pueden omitirse, y AE2 es equivalente a:

AE2C: $Rel(R) \rightarrow (\exists F)(Fn(F) \wedge D(F) = D(R) \wedge F \subseteq R)$; y

AE3: es equivalente a:

AE3C: $Fn(F) \rightarrow (\exists G)(Fn(G) \wedge D(G) = R(F) \wedge G \subseteq F^{-1})$

Además en la declaración del principio de elección dependiente (PED) se asumía que cierta clase es un conjunto. Ahora bien, si $D(\rho) = V$ y Δ es un conjunto, se sigue de 7.4.25., que esta condición se puede omitir, y por tanto PED es equivalente a:

PDC: $(Rel(R) \wedge R \neq \phi \wedge D(R) \subseteq R(R)) \rightarrow (\exists f)[Fn(f) \wedge D(f) = \omega \wedge R(f) \subset D(R) \wedge (\forall n)(n \in \omega \rightarrow f(n)Rf(n+1))]$

7.4.26. TEOREMA: $(\forall x)(\exists \alpha)(\alpha \in On \wedge x \in \tau(\alpha))$

Demostración:

Supongamos el teorema es falso.

Sea $A = \{x \mid (\forall \alpha)[x \notin \tau(\alpha)]\}$. Como $A \neq \phi$ se sigue del axioma de regularidad que existe $y \in A$ tal que $y \cap A = \phi$. (Está claro de la definición de τ que y no es un átomo.)

Puesto que $y \cap A = \phi$, para todo $z \in y$ y existe un α tal que $z \in \tau(\alpha)$. Sea $B = \{\alpha \mid (\exists z)[z \in y \wedge z \in \tau(\alpha)]\}$ y sea $\beta = \sup B$. Como $\alpha \leq \beta$ implica $\tau(\alpha) \subset \tau(\beta)$, para todo $z \in y$, tenemos que $z \in \tau(\beta) = \Delta \cup P(\bigcup_{\alpha<\beta} \tau(\gamma))$. Por tanto ó $z \in \Delta$ ó $z \subseteq \bigcup_{\gamma<\beta} \tau(\gamma)$; de esta obtenemos que $y \subseteq \Delta \cup P(\bigcup_{\gamma<\beta} \tau(\gamma)) = \tau(\beta)$, así que la definición de τ tenemos que $y \in \tau(\gamma)$ para todo $\gamma<\beta$, contradiciendo de que $y \in A$. En consecuencia el teorema es cierto.

CAPITULO VIII

El Axioma de Eleccion. Proposiciones Equivalentes.

8.1. EL TEOREMA DEL BUEN ORDENAMIENTO.

E. Zermelo demostró que el axioma de elección implica el teorema del buen ordenamiento, el cual enuncia que todo conjunto puede ser bien ordenado. Sin embargo este enunciado tiende a ser mal entendido. Se debería entender que dado un conjunto x, existe una relación R la cual bien ordena a x. La relación R puede no tener ninguna relación con algún orden previo definido en x.

Además es bien conocido que existen conjuntos para los cuales ningún buen orden ha sido hallado aún; como ejemplo: el conjunto de los números reales.

En consecuencia el enunciado: "todo conjunto puede ser bien ordenado" es una proposición sumamente "fuerte".

Las siguientes proposiciones enuncian el teorema del buen orden en forma de conjuntos.

b1: $C(x) \rightarrow (\exists R)(Rel(R) \wedge \langle X,R \rangle$ es un conjunto (b.o))

b2: $C(x) \rightarrow (\exists \alpha)(\alpha \in On \wedge x \approx \alpha)$

8.1.1. TEOREMA: b1 $\leftrightarrow$ b2.

Demostración:

Como cada número ordinal es un conjunto (b.o) entonces b2 implica b1, y de 7.2.27 tenemos que b1 $\rightarrow$ b2.

8.1.2. b1 $\rightarrow$ a8

Demostración:

Sea x un conjunto no vacío de conjuntos no vacíos disjuntos por pares. Sea R una relación (b.o) en $\cup x$. Se puede seleccionar un elemento de cada conjunto $\mu \in x$, seleccionanado el R-primer elemento de $\mu \subseteq \cup x$. Por tanto el conjunto c es de elección, donde:

$c = \{v | (\exists \mu)(\mu \in x \wedge v$ es el R-primer elemento de $\mu)\}$
es un conjunto de elección.

8.1.3. ae1 $\rightarrow$ b2

La idea intuitiva de la demostración es la siguiente. Sea x un conjunto no vacío y sea f una función de elección de subconjuntos no vacíos de x. Ahora, sea f(x) = a el primer elemento de x; $f(x \sim \{a\} = b$ el segundo elemento; $f(x \sim \{a, b\})$ el tercero, y así sucesivamente. Intuitivamente se ve que se puede utilizar una función de elección para bien ordena a x.

Demostración:

Sea x un conjunto no vacío y sea f una función de elección sobre $P(x) \sim \{\phi\}$. Definase $f(\phi) = \mu$,

μ es algún elemento que no pertenece a x. Ahora definamos una función G en On así: $G(\alpha) = f(x \sim G''_\alpha)$, $\forall\alpha$.

Así por ejemplo $G(o) = f(x \sim G''o) = f(x)$;

$G(1) = f(x \sim G''1) = f(x \sim \{f(x)\}), \ldots$

La función G existe y es única por definición de f y el teorema de recursión transfinita IV y $R(G) \subseteq x$.

Supongase que $G(\alpha) = \mu$ para algún $\alpha \in On$. O sea $x \sim G''_\alpha = \phi$ para algún $\alpha \in On$. Entonces $G(\beta) = \mu$, para todo $\beta > \alpha$, por que si $\alpha < \beta$ entonces $G''_\alpha \subset G''\beta$

Sea $Y = \{\alpha | G(\alpha) \neq \mu\}$, entonces Y es un número ordinal ó On.

Veamos que $G|Y$ es 1-1. Supongase $\alpha, \beta \in Y$ y $\alpha < \beta$.

Entonces $G(\beta) = f(x \sim G''\beta) \in x \sim G''\beta$. Pero si $\alpha < \beta$ entonces $G(\alpha) \in G''\beta$, así $G(\alpha) \notin x \sim G''\beta$. Por tanto $G(\alpha) \neq G(\beta)$.

Supongamos $Y = On$. Entonces G sería una función 1-1 de On en x. Esto es imposible porque On es una clase propia y x un conjunto.

Así $Y \in On$. Supongase $G''Y \subsetneq x$, entonces:

$G(Y) = f(x \sim G''Y) \neq \mu$, lo cual implica que $Y \in Y$. Lo cual es imposible porque Y es una número ordinal. En consecuencia G es una función 1-1 de Y sobre x, y como Y es un ordinal se demuestra b2.

El Teorema del buen ordenamiento.

Enunciado en forma de clases.

B1 $(\exists R)[Rel(R) \wedge (\forall x)(C(x) \rightarrow \langle x,R\rangle$ es un conjunto (b.o)]

B2. $Cl(x) \rightarrow (\exists R)(Rel(R) \wedge \langle x,R\rangle$ es una clase (b.o))

B3. $Pr(X) \rightarrow X \approx On$

8.1.4. TEOREMA $B3 \rightarrow B2$.

Demostración:

Por $B3 \rightarrow V \approx On$

Sea X una clase, entonces $X \subseteq V$. Por tanto $X \leq$ on.

Así X puede ser bien ordenado.

8.1.5. TEOREMA $B2 \rightarrow B1$.

Demostración:

Por B2 tenemos que existe una relación R tal que $\langle V,R\rangle$ es una clase (b.o). Para cualquier conjunto x, $x \subset V$, así, x esta (b.o) por R.

NOTA: Para demostrar $B1 \rightarrow B2$ asumiremos que Δ es un conjunto.

8.1.6. $C(\Delta) \rightarrow (B1 \rightarrow B3)$

Demostración:

Supongase que Δ es un conjunto y R una relación la cual bien ordena cada conjunto.

Sea X una clase propia. De 7.4.16 tenemos que para cada $\mu \in X$, el rank de μ, $\rho(\mu)$, existe y, de 7.4.24 tenemos que $\{v|\rho(v) = \rho(\mu)\}$ es un conjunto.

Ahora podemos bien ordenar a X así: Definase una relación T tal que para todo $\mu, v \in X$,

$$\mu T v \leftrightarrow [\rho(\mu) < \rho(v) \text{ ó } (\rho(\mu) = \rho(v) \wedge \mu R v)]$$

Claramente $< X,T >$ es una clase (b.o). Además para cada $\mu \in X$, $\underset{XT}{S}(\mu) \subseteq \{v \mid \rho(v) \leq \rho(\mu)\}$

Así de 7.4.24 tenemos que cada T-segmento inicial de X es un conjunto. Por tanto, por 7.2.20, $X \approx On$.

8.1.7. B2 → A8.

Demostración similar a 8.1.1.

8.1.8. Teorema:

$AE1 \rightarrow (\exists F) \mid (Fn(F) \wedge (\forall x)(C(x) \rightarrow <x, F(x)>$ es un conjunto (b.o))]

Demostración: Sea x un conjunto y sea

$Tx = \{R \mid R \subseteq x \times x \wedge <x, R>$ es un conjunto (b.o)}

Si $R \in Tx$ entonces R es una relación (b.o) en x. Por 3.4.6.b y 8.1.3 tenemos que $AE1 \rightarrow ae1 \rightarrow b2$, y $b2 \rightarrow (\forall x)(C(x) \rightarrow Tx \neq \phi)$

Por tanto, AE1 implica que exsite una función de elección G sobre $\{Tx \mid C(x)\}$. Definase $F(x) = G(Tx)$.

Entonces para cada conjunto x, F(x) bien ordena a x.

NOTA: Asumiendo que $C(\Delta)$ y el axioma de regularidad se demuestra la conversa de 8.1.7.

8.1.9. $C(\Delta) \to (AE1 \to B2)$

Demostración:

Supongase la hipótesis AE1, apliquemos 8.1.8, y supongase F es una función tal que para cada conjunto x, $<x, F(x)>$ es un conjunto (b.o). Sea ahora X una clase que puede ser (b.o) como sigue: Supongase $\mu, v \in X$.

Sea $x_\mu = \{w \mid \rho(w) = \rho(\mu)\}$

Entonces si Δ es un conjunto, tenemos, por 7.4.24, que x_μ es un conjunto. Definase:

$$\mu R v \leftrightarrow [\rho(\mu) < \rho(v) \text{ ó } (\rho(\mu) = \rho(v) \wedge \mu F(x\mu) v)]$$

De esta forma $<X, R>$ es una clase (b.o)

<u>NOTA</u>: Se demuestró $B3 \leftrightarrow B2 \leftrightarrow B1$, por que se demostró que $B3 \to B2 \to B1 \to B3$.

8.2. <u>TRICOTOMIA</u>.

La demostración de que la Tricotomía implica el teorema del buen ordenamiento fué dada por Hartog.

$$t: (C(x) \wedge C(y)) \to (x \leq y \text{ ó } y \leq x)$$

O sea cada par de conjuntos es comparable

8.2.1. <u>TEOREMA</u> $b2 \to t$

Demostración:

Sean x, y conjuntos. Por b2 existen números ordinales α, β tales que $\alpha \approx x$ y $\beta \approx y$. Y por tricotomía los números ordinales, 7.2.13, se implica a t.

8.2.2. $C(x) \to C(\{\alpha | \alpha \leq x\})$

Demostración:

Sea x un conjunto y sea.

$Y = \{R | R \subseteq x \times x \wedge \langle D(R), R \rangle$ es un conjunto de (b.o)$\}$

Y es un conjunto porque $Y \subset P(x \times x)$. Además, para cada $R \in Y$ existe un único número ordinal α tal que

$\overline{\langle D(R), R \rangle} = \alpha$, por 7.2.27 y 7.2.28.

Defínase $F(R) = \alpha$. Entonces F es una función de Y en $\{\alpha | \alpha \leq x\}$.

Veamos que F es sobre. Supongamos $\beta \leq x$ entonces existe $y \subseteq x$ tal que $y \approx \beta$. Sea g una función 1-1 de y en β.

Defínase la relación R así:

$R = \{(\mu, v) | \mu, v \in y \wedge g(\mu) \leq g(v)\}$. Entonces $D(R) = y$,

$\langle y, R \rangle$ es un conjunto (b.o) y $\overline{\langle y, R \rangle} = \beta$. Así

$F(R) = \beta$.

En consecuencia F es una función de Y sobre $\{\alpha | \alpha \leq x\}$.

Por tanto, como Y es un conjunto, tenemos por A6 que $\{\alpha | \alpha \leq x\}$ es un conjunto.

8.2.3. <u>DEFINICION</u>: Función de Hartog.

$C(x) \to \Gamma(x) = \{\alpha | \alpha \leq x\}$

De 8.2.2 y 8.2.3 vemos que para cada conjunto x, $\Gamma(x)$ es un conjunto de número ordinales. Veamos ahora que $\Gamma(x)$ es un número ordinal.

8.2.4. TEOREMA $C(x) \rightarrow \Gamma(x) \in On$

Demostración:

Supongase x es un conjunto. Como $\Gamma(x)$es un conjunto de números ordinales, para demostrar que $\Gamma(x)$ es un - número ordinal basta demostrar que $\Gamma(x)$ es transitivo. Supongase $\alpha \in \Gamma(x) \wedge \beta \in \alpha$. Entonces $\alpha \leq x$ y $\beta \subset \alpha$. Por tanto $\beta \leq x$, así $\beta \in \Gamma(x)$.

8.2.25. TEOREMA: $t \rightarrow b2$

Demostración.

Por t, para cualquier conjunto x, ó $x \leq \Gamma(x)$ ó $\Gamma(x) \leq x$.

Como $\Gamma(x)$ es un número ordinal si $\Gamma(x) \leq x$ entonces $\Gamma(x) \in \Gamma(x)$ la cual es imposible. Por tanto debemos tener que $x \leq \Gamma(x)$, lo cual claramente implica b2, por que $\Gamma(x)$ es un número ordinal.

NOTA: Se demostró que $t \leftrightarrow b2$, por 8.2.1 y 8.2.5.

8. 3 PRINCIPIOS MAXIMALES.

m1: $[x \neq \phi \wedge <x,R>$ es un conjunto (o.p) $\wedge (\forall y)((y \subsetneq x \wedge$ $<y,R>$ es un conjunto (o.l)) $\rightarrow (\exists \mu)(\mu \in x \wedge \mu$ es una R-cota superior de y))$] \rightarrow (\exists \mu)(\mu \in x \wedge \mu$ es un R-maximal elemento de x).

NOTA: El R- maximal elemento de x puede no ser único.

El principio maximal m1 enuncia que si x es un conjunto no vacío tal que $<x,R>$ es un conjunto (p.o) y todo subcon -

to de x (o.l) por R tiene una R-cota superior, entonces x tiene un R-maximal elemento.

m2: $\langle x,R\rangle$ es un conjunto (o.p) $\rightarrow (\exists y)[y \subseteq x \wedge \langle y,R\rangle$ es un conjunto (o.l) $\wedge (\forall z)((z \subseteq x \wedge \langle z,R\rangle$ es un conjunto (o.l) $\rightarrow y \not\subset z)]$

NOTA: El principio maximal m2 enuncia que si $\langle x,R\rangle$ es un conjunto (o.p) entonces existe un $\subseteq$-maximal R-linealmente ordenado subconjunto de x.

Enunciar el tercer principio m3 hace necesario cierta definición en base a una meta-definición esquema ó sea regla - para producir definiciones

8.3.1. CARACTER FINITO:

Para cada f.b.f P(X) es la cual X es una variable libre, tenemos la siguiente definición.

P es una propiedad de carácter finito $\equiv$

$(\forall x)(P(X) \leftrightarrow (\forall Y)[(Y \subseteq X \wedge Y$ es finito$) \rightarrow P(Y)]$

EJEMPLO: Supongase P(X) es cualquiera de los enunciados:

1. $\langle X.R\rangle$ es una clase (o.p) $\equiv P(X)$

2. $\langle X,R\rangle$ es una clase (o.l) $\equiv P(X)$

3. $\mu \not\in X \equiv P(X)$

4. Pr Dis(X) .$\equiv P(X)$

Entonces P es una propiedad de caracter finito.

Veamos que (1) es de carácter finito. Para lo cual se debe demostrar, $\langle X,R\rangle$ es una clase (o.p) $\leftrightarrow (\forall Y)[(Y \subseteq X \wedge Y$ finito) $\rightarrow \langle Y,R\rangle$ es una clase (o.p)].

Lo cual es obviamente claro.

NOTA: Esta claro que si $P(X) \equiv X$ es infinito, entonces P no es una propiedad de carácter finito; de forma semejante $P(X) \equiv \langle X,R\rangle$ es una clase (b.o), puesto que para todos los subconjuntos finitos Y de X, $\langle Y,R\rangle$ es una clase (b.o); pero la conversa no es cierta.

En otro ejemplo sea $X = \omega$ y $R \equiv \geq$. Todo subconjunto finito de ω tiene un último elemento, pero ω no tiene último elemento.

Una propiedad de carácter finito puede caracterizar a un conjunto así:

$$Q = \{x \mid C(x) \wedge x \text{ es finito y } P(x)\}$$

Entonces una clase X tiene la propiedad P si y sólo si subconjunto finito de X esta en Q. Así tenemos que P es una propiedad de carácter finito $\leftrightarrow (\forall X)(\forall x)[(x \subseteq X \wedge x$ es finito) $\rightarrow x \in Q]$

8.3.2. TEOREMA:

(P es una propiedad de carácter finito $\wedge P(X) \rightarrow (\forall Y)(Y \subseteq X \rightarrow P(Y))$

m3: $(C(x) \wedge$ P es una propiedad de carácter finito $\wedge P(\phi)) \rightarrow$

$$(\exists y)\left[y \subseteq x \wedge P(y) \wedge (\forall z)((z \subseteq \wedge P(z)) \rightarrow y \not\subset z)\right]$$

NOTA: El principio maximal m3 enuncia que para cada conjunto x y la propiedad de carácter finito P, si $P(\phi)$, entonces existe un $\subseteq$-maximal subconjunto de x el cual tiene la propiedad P. Note que m3 es una regla-esquema más que una proposición, puesta que cualquier proposición de carácter finito puede ser sustituida por P.

Se denotará que m1, m2 y m3 son equivalente, demostrando m3 $\rightarrow$ m2 $\rightarrow$ m1 $\rightarrow$ m3.

Puesto que la propiedad (2) arriba enunciada es de carácter finito tenemos que m2 es un caso especial de m3.

8.3.3. TEOREMA: m3 $\rightarrow$ m2.

8.3.4. TEOREMA: m2 $\rightarrow$ m1.

Demostración:

Supongase $\langle X,R \rangle$ es un conjunto (o.p) el cual satisface las hipótesis m1. Por m2, existe y tal que y es un $\subseteq$-maximal R-subconjunto (o.l) de x. Se sigue de la hipótesis de m1 que existe $\mu \in x$ tal que μ es una R-cota superior de y. Este μ es un R-maximal elemento de x. Supongase que no.

Supongase existe $v \in x$ tal que (1) $\mu R v \wedge \mu \neq v$.

Puesto que μ es una R-cota superior de y, tenemos:

(2) $(\forall w)(w \in y \rightarrow wR\mu)$.

Se sigue de (1) y (2) que $v \notin y$. Sea $z = y \cup \{v\}$

De (1) y (2), y la transitividad de R, se sigue que z es un subconjunto (o.l) de x, y puesto que $v \notin y$; z contiene propiamente a y como subconjunto. Contradiciendo la maximalidad de y. Por tanto, μ es un R- maximal elemento de x.

8.3.5. <u>TEOREMA</u> m1 → m3

Demostración:

Sea P una propiedad de carácter finito y x un conjunto.

Sea $y = \{\mu | \mu \subseteq x \wedge P(\mu)\}$

Claramente, $\langle y, \subseteq \rangle$ es un conjunto (o.p). Sea z un subconjunto de y. Veamos que $\cup z \in y$, y que $\cup z$ es una $\subseteq$-cota superior de z. Supongase $\mu \in \cup z$. Entonces existe $v \in z$ tal que $\mu \in v$

Como $z \subseteq y$, $v \in z$ implica que $v \subseteq x$. Así $\mu \in v$ implica que $\mu \in x$. Demostrando que $\cup z \subseteq x$.

Sea $v = \{\mu_1, \mu_2, \ldots, \mu_n\}$ un subconjunto finito de $\cup z$.

Entonces existe n elementos $w_1, w_2, \ldots, w_n$ en z tales que $\mu_i \in w_i$, $i = 1,2,\ldots,n$. Como z esta $\subseteq$ - (o.l), existe $j \in \{1,2,\ldots,n\}$ tal que $\mu_i \in w_j$ para todo $i = 1,2,\ldots,n$.

En consecuencia, v es un subconjunto finito de $w_j \in z \subseteq y$.

Por tanto, como P es una propiedad de carácter finito. debemos tener P(v) para cada subconjunto finito v de Uz. Así, P(Uz)

De la definición de U se sigue que si $\mu \epsilon z$ entones $\mu \subseteq Uz$. Por tanto, Uz es una $\subseteq$-cota superior de z.

Se ha demostrado que <y, $\subseteq$> satisface la hipótesis de ml. Así, y tiene un $\subseteq$ - maximalelemento.

8.3.6. <u>TEOREMA</u>: ml → ael

Demostración:

Sea x un conjunto no vacío de conjunto no vacíos y C el conjunto de todas las funciones de elección en subconjuntos de x. O sea.

$$C = \{f \mid Fn(f) \wedge (\exists y) [y \subseteq x \wedge D(f) = y \wedge (\forall \mu)(\mu \epsilon y \rightarrow f(\mu) \epsilon \mu)]\}$$

Veamos que <C, $\subseteq$> satisface la hipótesis de ml.

Esta claro que <C, $\subseteq$> es un conjunto (o.p). Supongase M es un subconjunto de C $\subseteq$ - (o.l). Demostraremos que UM ϵ C y UM es una $\subseteq$ - cota superior de C.

Sea f = UM. Supongase $\mu \epsilon f$ entonces existe $g \epsilon M$ tal que $\mu \epsilon g$. Como M $\subseteq$ C, g es una función y μ es un par ordenado. Supongase $(\mu,v),(\mu,w) \epsilon f$. Entonces existe g_1, $g_2 \epsilon M$ tales que $(\mu,v) \epsilon g_1$ y $(\mu,w) \epsilon g_2$

Como M es $\subseteq$ -(o.l); tanto (μ,v) como (μ,w) pertenecen a g_1 ó g_2.

En consecuencia, como g_1 y g_2 son funciones, v=w y f es una función.

Además $D(f) = \bigcup_{g \in M} D(g)$

Por tanto, para cada $\mu \in D(f)$, $f(\mu) = g(\mu)$, para algún $g \in M$. Como $g(\mu) \in \mu$, $f(\mu) \in \mu$. Por tanto se ha demostrado que $f \in C$. Y directamente de la definición de $\bigcup$ tenemos que f es una $\subseteq$-cota superior de M.

Así, de m1 tenemos que C tiene un $\subseteq$-maximal elemento g. Supongase g es una función de elección sobre $y \subset x$.

Sea $\mu \in x \sim y$ y $v \in \mu$. Entonces $h = g \cup \{(\mu, v)\}$ es una función de elección sobre $y \cup \{\mu\}$, lo cual constradice la maximalidad de g, en consecuencia, g es una función de elección sobre x.

8.3.7. b2 → m2

La idea intuitiva de la demostración es: supongase x es un conjunto (o.p) por R. Del teorema del buen ordenamiento tenemos que x puede ser (b.o). Se construye un subconjunto y de x que sea $\subseteq$-R-(o.l) de la siguiente forma: el primer elemento de x, μ pertenece a y; si el segundo elemento de x representa en la relación R a μ, entonces él pertenece a y, en otro caso no. Continuando este proceso por inclusión de aquellos elementos en y los cuales son R-conexos a los ya seleccionados.

Demostración: Sea x un conjunto (o.p) por R.

Supongase

$$f: \alpha \xrightarrow[\text{sobre}]{1-1} x$$

Definase una función g sobre α así: si $\beta < \alpha$ entonces:

$$g(\beta)=\begin{cases} f(\beta) & \text{si } (\forall\gamma)\left[\gamma<\beta \rightarrow (f(\beta)Rg(\gamma) \text{ ó } g(\gamma)Rf(\beta))\right] \\ f(o) & \text{en otro caso.} \end{cases}$$

Y R(g) es un subconjunto de x $\subseteq$-maximal (o.l)

B I B L I O G R A F I A

1. Gödel, Kurt. <u>The Consistency of the Continuun Hypothesis</u>.
Ed. Princenton Press 1940.

2. Halmos, Paul. <u>Naive Set theory</u>.
Ed. Springer Verlag. 1950.

3. Jech, Thomas. <u>The Axiom of Choice</u>.
Ed. North Holland 1973.

4. Rubin, Hernan. <u>Equivalents of the Axiom of Choice</u>.
Ed. North Holland 1963

5. Rubin, Jean. <u>Set theory</u>.
Ed. Holden Day. 1976.

6. Suppes P. <u>Introduction to Logic</u>.
Ed. Princenton. 1958.

www.ingramcontent.com/pod-product-compliance
Lightning Source LLC
Chambersburg PA
CBHW081510220526
45467CB00010B/2853
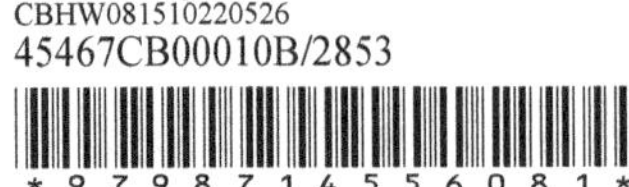
9798714556081